美国国家地理 少儿版
宇宙大百科

[美] 戴维·A. 阿吉拉 著
李向东 译

时代出版传媒股份有限公司
安徽科学技术出版社

[皖] 版贸登记号: 12191926

图书在版编目(CIP)数据

宇宙大百科 / (美) 戴维 · A. 阿吉拉著 ; 李向东译. — 合肥 : 安徽科学技术出版社, 2020.9
(美国国家地理: 少儿版)
ISBN 978-7-5337-7964-1

Ⅰ. ①宇… Ⅱ. ①戴… ②李… Ⅲ. ①宇宙 – 少儿读物 Ⅳ. ①P159-49

中国版本图书馆CIP数据核字(2019)第123384号

自1888年起，美国国家地理学会在全球范围内资助超过13 000项科学研究、环境保护与探索计划。学会的部分资金来自National Geographic Partners, LLC，您购买本书也为学会提供了支持。本书所获收益的一部分将用于支持学会的重要工作。更多详细内容，请访问natgeo.com/info。

YUZHOU DA BAIKE
宇宙大百科

[美]戴维·A.阿吉拉 著
李向东 译

出 版 人：丁凌云　特约顾问：李永适　张婷婷　选题策划：张　雯　周璟瑜
责任编辑：张　雯　周璟瑜　特约编辑：于艳慧　才诗雨　责任校对：戚革惠
美术编辑：乔　治　封面设计：武　迪　责任印制：廖小青

出版发行：时代出版传媒股份有限公司　http://www.press-mart.com
安徽科学技术出版社　http://www.ahstp.net
（安徽省合肥市政务文化新区翡翠路1118号出版传媒广场　邮政编码：230071）
电话：（0551）63533323
（如发现印装质量问题，影响阅读，请与本社市场营销部联系调换）
印　　制：北京博海升彩色印刷有限公司
开　　本：889mm×1194mm　1/16　印　　张：11.75　字　　数：300千
版　　次：2020年9月第1版　印　　次：2020年9月第1次印刷

ISBN 978-7-5337-7964-1　定　　价：128.00元

序言

对热爱大自然的人而言，美国加利福尼亚州的圣克拉拉谷就像人间仙境一般，而我就是在那里长大的。那里有很大的果园，到处都是鹌鹑和野鸡，就算是年轻人也要用一天才能走完。当一阵微风吹过，果树上白色、粉色和蓝色花朵的芬芳弥漫在空气中。不远处的海边，海水退潮后在地面上留下许多小水坑，清凉干净的海水等待着年轻的探险者。对于热爱大自然的人来说，这里就是天堂。

我的卧室里面摆满了昆虫标本、野花标本、化石、盆景和飞机模型，墙上贴了很多行星和星系的画和海报。在房间的角落里，放着我自己制作的反射式望远镜（右图）。

为了制作望远镜的反射镜，我从奶奶的四柱床底下“借来”了两个玻璃脚轮。脚轮就像小玻璃杯一样，人们把它们放置在床腿下面，以免床腿刮伤地板。我用从岩石店买来的研磨剂打磨玻璃脚轮，然后用从珠宝店买来的铁红（三氧化二铁）加上一点水，再加上从我家樱桃树上采集到的黏树脂，将镜面抛光。

目镜来自两个有轻微裂痕的小型海盗

观察镜，是我哥哥从乡村集市上淘来的。我把这两个小目镜粘在漱口瓶的塑胶盖子上面。望远镜的硬纸板镜筒是用一家地毯专卖店后面的垃圾箱做成的。底座由木头碎片和一些便宜的管件组成。最后再涂上一些颜色，我的反射式望远镜就大功告成了。

我的望远镜比伽利略当年用的好多了。我以奶奶的名字“梅布尔”为它命名。

我的第一个观察对象是月亮。透过望远镜，我看到了月亮上的陨星坑、月谷和山峰！当看到木星周围众多的卫星和土星那梦幻般美丽的光环时，我的眼界大开，想象力也前所未有地丰富起来。这种美妙的感觉是我从未体验过的。更让我意想不到的是，我的爱好后来成了我的职业。

除了望远镜之外，还有其他的东西深深吸引着我，使我愈发渴望去探索天文学领域，那就是神秘的不明飞行物。一些问题不停地出现在我脑海里：它们是真实的吗？它们真的存在吗？

现在，我是世界上最大的天文研究机构——哈佛-史密森天体物理学中心的一员。我们的天文台坐落在智利、美国的亚利桑那州和夏威夷州的高山顶上，甚至在我们头顶的太空轨道中也有用于天文观测的轨道望远镜。我每天早上去上班，都不清楚会有什么样的伟大发现在等待着我。

天文学家的一些重大发现，往往会改变我们对自我和宇宙的认识。在未来，我们将会揭开这些谜团：究竟是什么导致了宇宙大爆炸？是什么看不见的力量使得宇宙加速膨胀？除了我们所在的宇宙外，还有其他的宇宙存在吗？其他行星上的生命是什么形态呢？有和地球一样的行星存在吗？除此之外，人类也许有望揭开我们称之为“不明飞行物”的真实面目。

这就是我如此热爱天文学的原因。与我们宇宙密切相关的重大问题等待着我们去回答。能回答所有这些问题的未来科学家就在世界的某个地方，也许那个人就是你。

戴维·A. 阿吉拉

目录

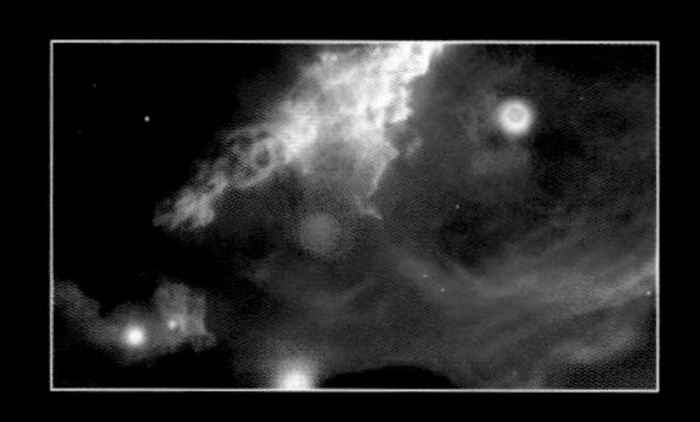

我们知道什么？ 3

宇宙诞生于一次大爆炸 4
半遮半掩的宇宙 6
其他的“太阳系” 9
意外事件 11
太空天气 12
观测太空 14

漫游太阳系 17

我们的太阳系 18
伟大的旅行 20
金星 22
水星 26
太阳 28
火星 34
谷神星和小行星带 38
木星 40
土星 48
天王星 54
海王星 56
柯伊伯带 58
冥王星 60
妊神星 64
鸟神星 66
阋神星 68
奥尔特云 70
彗星 72
地球 74

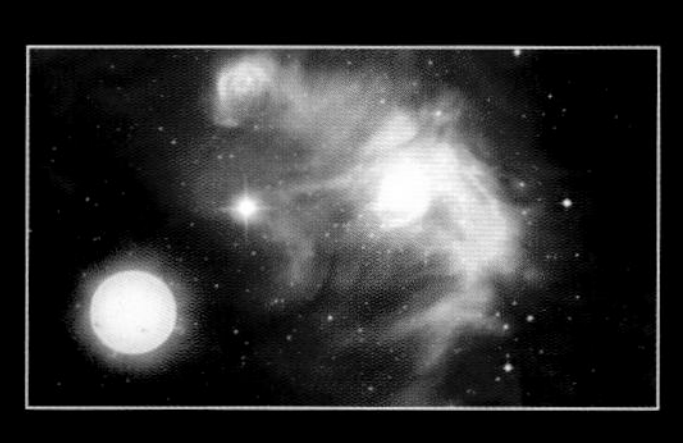

探索恒星和星外领域 87

在地球上看银河 88
星座——星空之梦 90
我们看到的都是历史 92
银河系是什么？ 94
变化中的宇宙 96
恒星的一生 98
星云——恒星的摇篮 100
恒星的大小和类型 102
类太阳恒星的死亡 104
巨型恒星的死亡 107
超新星遗迹 108
中子星和脉冲星 110
伽马射线暴 113
黑洞 114
失败的恒星——褐矮星 116
行星是如何形成的 118
其他的世界 120
球状星团 124
不同类型的星系 128
我们的邻居 130
碰撞星系 132
麦哲伦云 134
星系团的空间分布 137
哈勃超深场 139
暗物质 141
加速膨胀的宇宙 142
宇宙将如何终结 144
其他的宇宙 146

我们孤独吗？ 149

完美的世界 150
生命是什么？ 152
太阳系内的其他生命 154
还有其他智慧生物吗？ 156
超乎想象的外星生命 158

未来之梦 161

太空工程 162
“太空旅馆” 165
绿化火星 166
太阳系中的航行 169
探索宇宙 170

太阳系的日历 172

人类的历史 173

天文学大事记 174

词汇表 178

关于作者 180

图片出处 180

相关网站 180

关于插图

本书的插图是由戴维·A. 阿吉拉在他的电脑上制作的。他先搜集最完备的科学信息，然后根据这些信息在画本上勾勒出尽可能真实的图画。接着他把草图导入电脑中进行鼠绘，再用画图软件 Adobe Photoshop 的图层编辑功能进行着色，层层叠加，直到将他脑海中的宇宙呈现出来。有时候戴维·A. 阿吉拉会利用周围废弃的塑料来建造宇宙飞船的模型。（在这个过程中，他会用最新的数据来创作。）他还会把纸巾碎片浸入掺过水的熟石膏，用来创作行星地貌风景，然后将它们拍下来，用 Photoshop 进行着色处理。有时他会把望远镜和卫星观测到的实际图片运用到艺术创作中来。为什么我们要把艺术插图放在一本反映真实世界的书中呢？有时候不需要这样做，例如我们有很多很好的关于火星的照片，因此没必要在描述火星时用艺术插图来表示。但是，有很多地方（比如太阳系外的行星）、很多视角（比如在木卫二的表面观察木星）和很多未来可能发生的事情（比如将来宇航员访问天王星的卫星之一天卫五）等，我们只能通过艺术插图的方式来将科学数据进行可视化。其中，有一些插图是基于想象创作的，人类无法利用望远镜等设备将它们拍摄记录下来，因此只能以这种方式呈现。

本书中的照片，除了在地球上用照相机拍摄的之外，还有一些是用卫星和望远镜拍摄的。它们大部分由 NASA，即美国国家航空航天局提供。

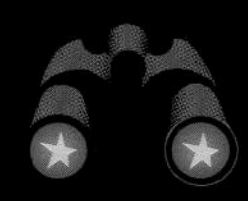

在“探索恒星和星外领域”这章中，如果在星座、星系或星云旁边有这个“双筒望远镜”的标志，则意味着你可以用你的双筒望远镜在夜空中寻找这些天体。

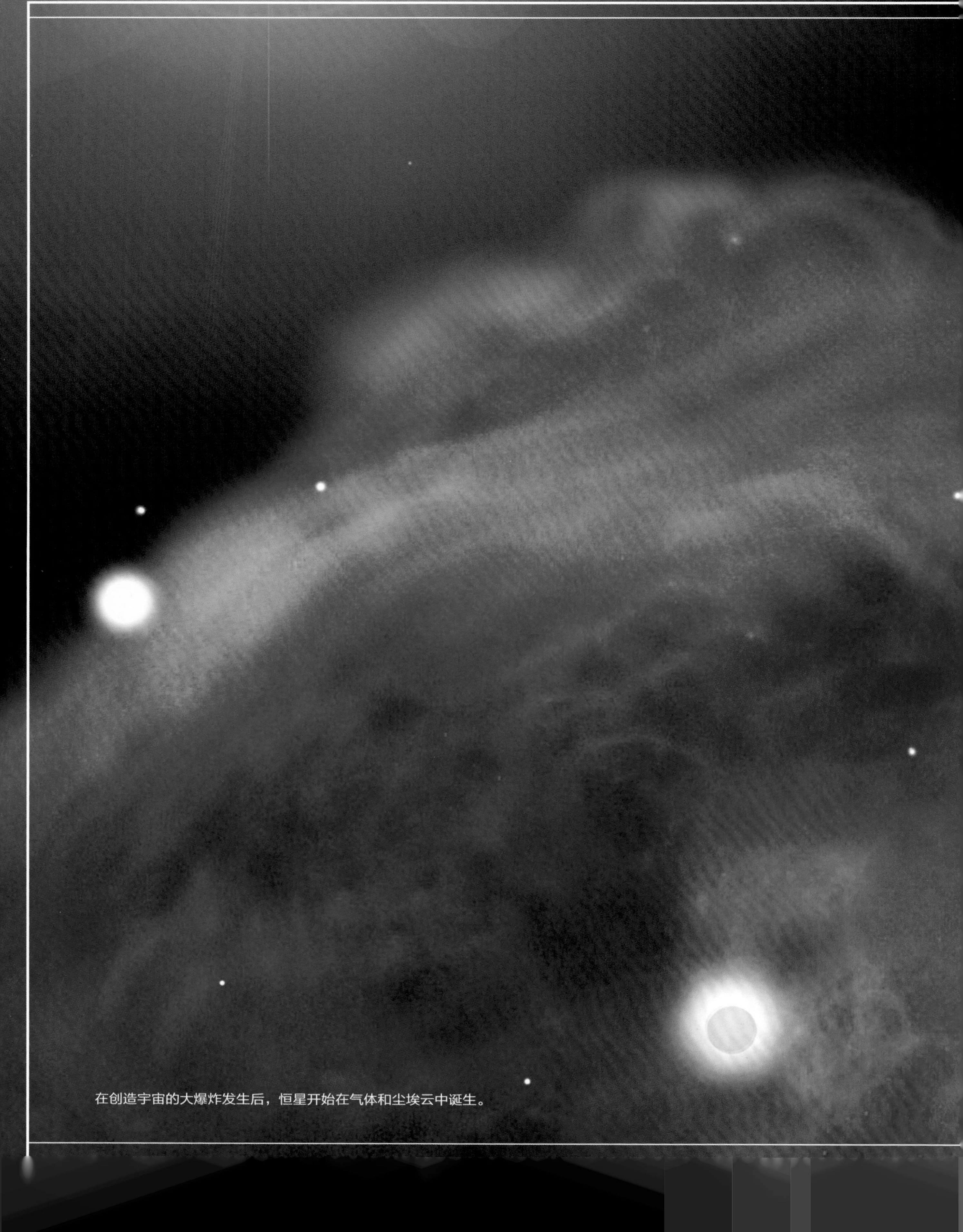

在创造宇宙的大爆炸发生后，恒星开始在气体和尘埃云中诞生。

我们知道什么？

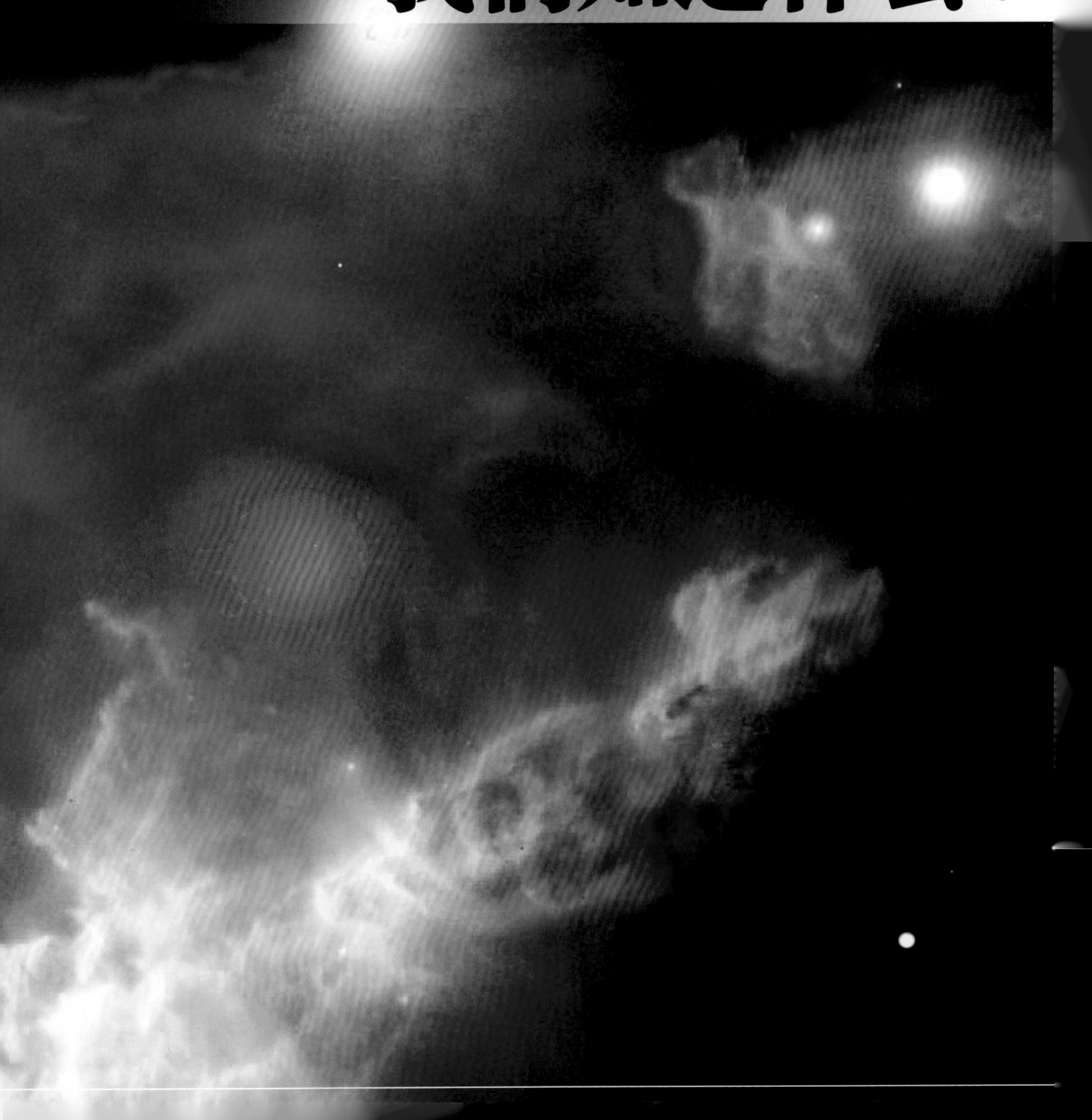

宇宙诞生于一次大爆炸

首先请你试着想象下面的情景——今天你看到的所有恒星、星系和飘浮其间的行星都不存在了，所有天体都集中于一个密度高得无法想象的点上，科学家称其为“奇点”。然后在某一瞬间，构成物质宇宙的元素形成了。事实上，这种物质瞬间产生的过程发生在约137亿年前，我们把那个过程称为“大爆炸”。

长期以来，科学家、神学家、诗人和哲学家一直在思考宇宙是如何形成的。我们的宇宙是不是一直都存在？它将一直保持现在的样子还是会逐渐变化？如果宇宙曾在某一刻诞生，那么未来它是否也会在某个时间点消亡或永远存在？

这些都是非常宏大的问题。但现在通过对太空及天体的观测，我们对其中的一些问题或许已有了答案。我们知道大爆炸不仅创造了宇宙中的物质，还创造了宇宙空间本身。我们还知道在非常遥远的未来，所有的恒星将油尽灯枯，不再璀璨，从那以后，我们的宇宙将再次陷入无边的黑暗。

在宇宙中，我们所看到的或探测到的一切都起源于大爆炸。大爆炸不是像炸药引起的剧烈爆炸那样，而是在膨胀中炸毁。

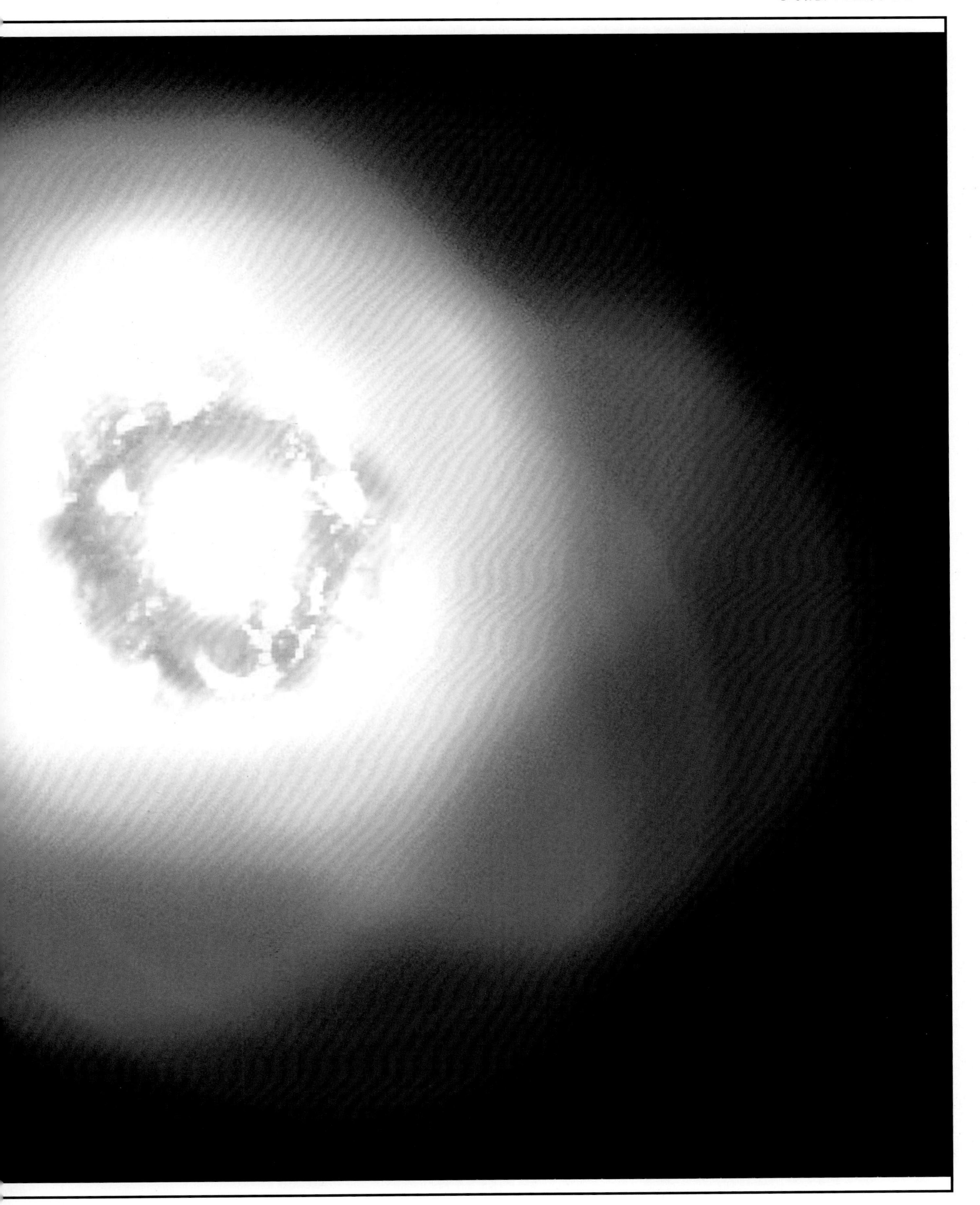

半遮半掩的宇宙

天文学家认识到，宇宙远比人类所能观测到的大得多。它就好比一座冰山，我们看到的只是浮在水面上的十分之一，而剩下的十分之九潜藏在水下，无人得见。

暗物质

在宇宙中，人类可探测到的气体、恒星和星系等仅占宇宙全部构成的4%左右。其余的一些物质虽然不会产生我们可探测到的辐射，但我们掌握了其存在的唯一线索——引力。根据引力的存在，我们知道宇宙中还有更多我们看不见的物质，天文学家称其为“暗物质”。

我们尚不清楚暗物质是由什么构成的，但可以推测出，它并不只包括暗恒星、暗行星或黑洞，它也可能是大量微小的粒子。

暗能量

无论暗物质是什么，它构成了宇宙的23%左右。如果普通物质和暗物质共同构成了宇宙的27%左右，那么剩下的73%左右是什么呢？那是一种更为神秘的东西，叫作“暗能量”。直到20世纪90年代末，我们才知道它的存在。当时天文学家惊讶地发现：宇宙不仅在膨胀，而且膨胀在加速。

我们至今仍不知道这种让宇宙加速膨胀的能量源自何处，它来自某种新的能量场，还是太空自身固有的一种属性？或许我们完全误解了物理学和引力学中的某些基本事实？暗能量是否会使物理学家改写现有的物理学定律？不过有一件事是我们可以确定的：宇宙的奇特远远超出我们的想象。

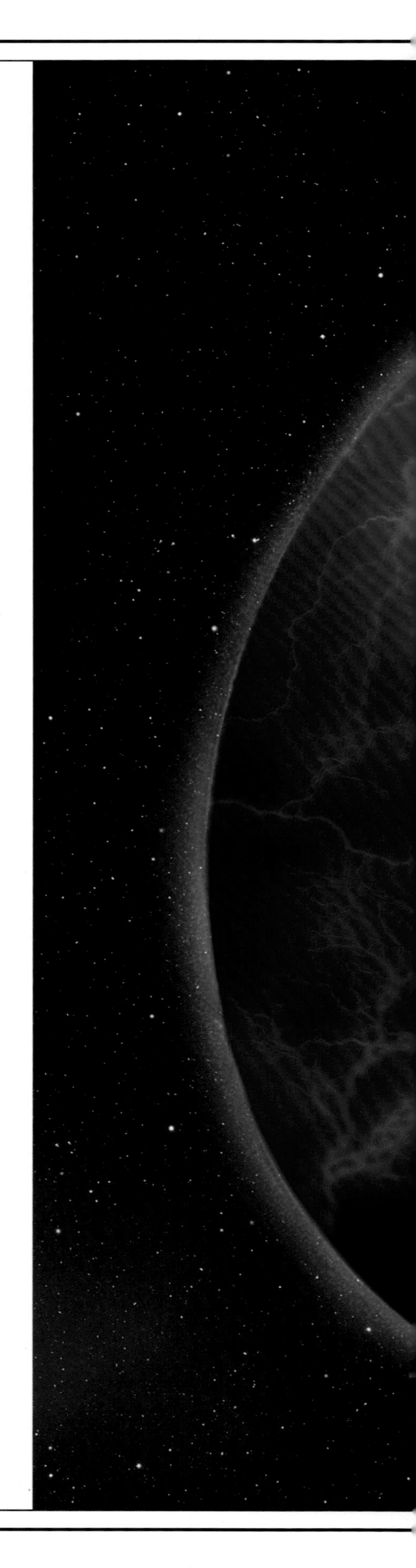

一种名为“暗物质”的神秘物质围绕着宇宙中的所有星系，它将星系维系在一起，防止它们四散分离。而另一种被称为“暗能量”的神秘存在则施加相反的作用——让宇宙中的一切互相排斥、分离。暗物质和暗能量加起来，共同构成了我们宇宙的 96% 左右，而这两者我们都无法看见。

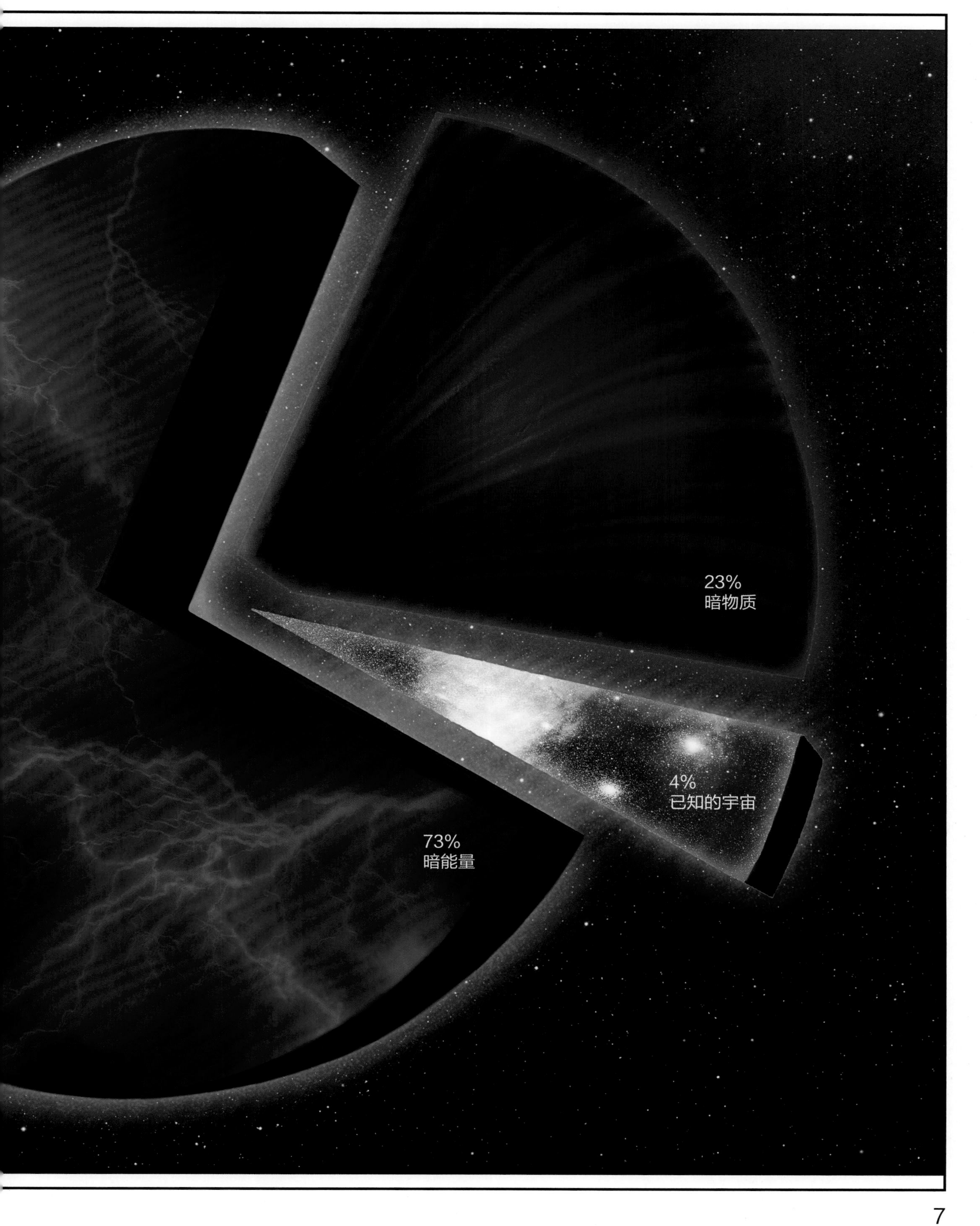
23%
暗物质
4%
已知的宇宙
73%
暗能量

其他的“太阳系”

最近发现的开普勒-62e和开普勒-62f是两颗大小近似地球的行星，它们都位于一颗遥远的类太阳恒星的宜居带上。那颗较大的行星（图右上角）是开普勒-62f，它离恒星远一些，表面被冰覆盖。而带有行星环的则是开普勒-62e，它离恒星较近，表面被浓云包裹。这两颗行星都可能支持类地生命的存在。

人类长久以来一直相信，太空中还有其他行星在围绕着遥远的恒星旋转，科学家只是不知道去哪里寻找它们罢了。不过在过去的20年里，这种情况已彻底改变。时至今日，天文学家已确认了1000多颗系外行星（存在于我们太阳系之外的行星）的存在，而且这一数字还在不断增加中。有的天文学家认为，仅仅我们的银河系就存在至少1000亿颗行星。

这些行星的大小、温度和运行的轨道各不相同。迄今为止，天文学家观测到的许多行星都是像木星和土星那样的大个头，这主要是因为它们较容易被发现。地球上的大型天文台以及在太空中运转的轨道望远镜还发现了许多其他有意思的行星，如小个头的岩质行星、滚烫的行星、冻成冰球的行星等。不过，最令人兴奋的发现，当属在“宜居带”发现的与地球大小相似的类地行星。“宜居带”是一条轨道，在这条轨道中运行的行星能够保持合适的温度，从而在行星表面保有液态水——或许还能维持生命。这些类地行星上会有生命吗？请拭目以待！

意外事件

你是否见过划过夜空的闪亮流星？它可能只是和橡皮擦差不多大的太空碎片。更令人惊讶的是，每天都有上百吨太空碎片落到地球上。

绝大部分流星还没有柠檬大，但也不全是这样。地球上已经被确认的由陨石撞击形成的撞击坑大约有180个，这些“肇事者”有的比一幢房子还要大。

在6500万年前，一颗小行星击中了墨西哥东海岸。这一意外事件甚至改变了全球的气候。一些科学家认为这次撞击引起的气候变化是导致恐龙灭绝的主要原因。

1908年，在西伯利亚通古斯卡地区的森林上空发生了一次爆炸，它铲平了约2150平方千米的土地，摧毁了近8000万棵树木。大约5万年前，一颗小行星撞击在美国亚利桑那州北部的沙漠上，形成了一个直径达1.6千米、深达170米的陨石坑，人们将其称为“亚利桑那陨石坑”。

一个2760℃、直径6.5千米的火球在地球大气层中呼啸而过（左图），它炫目的光芒看起来比太阳还明亮。地球会被小行星撞击吗？会的。有超过250个近地小行星的运行轨道与地球的运行轨道相交，其中许多小行星都有可能与我们的地球相撞。

这些撞击事件发生的时候，我们还没有可以用于观测的空间望远镜。但近年来，我们已观测到彗星和小行星撞上太阳系里最大的行星——木星的情景。例如，1992年，一颗名叫“休梅克-利维九号”的彗星被木星强大的引力场撕碎，到了1994年7月，这些盘旋于木星轨道上的彗星碎片开始对木星展开报复。这些碎片宽达2千米，就像一颗颗巨大的炸弹，纷纷落到木星的大气层中。它们引起一团团巨大的火球，有些还留下了大小堪比行星的深色尘埃云。另一次撞击事件发生在2009年，一个有可能是小行星的天体冲向木星，它撞击木星所产生的破坏力要比发生在地球上通古斯卡的爆炸强烈好几千倍。

木星有可能已经为地球挡下了好几次彗星撞击，在彗星到达地球之前，木星就先行将其诱捕过去了。不过，在空中不停地运行的小行星和彗星对地球来说仍是一个威胁。现在，有好几家太空研究机构在追踪这些近地天体，万一将来某一天哪个近地天体有可能撞击地球，我们可以提前采取防御措施。

太空天气

我们的地球拥有自己的大气层，所以在地球上有各种天气，有时风和日丽，有时狂风骤雨。地球处于太阳的照耀之下，而太阳同样也有自己的天气，太阳上的风暴能影响到生活在地球上的我们。

太阳持续不断地辐射能量和太阳风。绝大多数情况下，太阳辐射的能量带给地球温暖，使地球得以维持适宜的温度，从而养育万物。地球大气层为我们阻挡了大多数危险的辐射，这类辐射是有害的，在不加防护的情况下会使人罹患癌症。

太阳大气的最外层叫作日冕，那里温度很高，日冕层的部分物质会以带电粒子的形式挣脱太阳，逃入太空中，这就形成了太阳风。太阳每秒钟都以太阳风的形式释放出数百万吨的气体，但因为太阳极其庞大，所以这点损失对它来说不算什么。

当太阳风到达地球时，常常会在地球磁场的作用下转向。有时这些粒子会进入磁场，在南极和北极的天空形成绚丽多姿的极光。

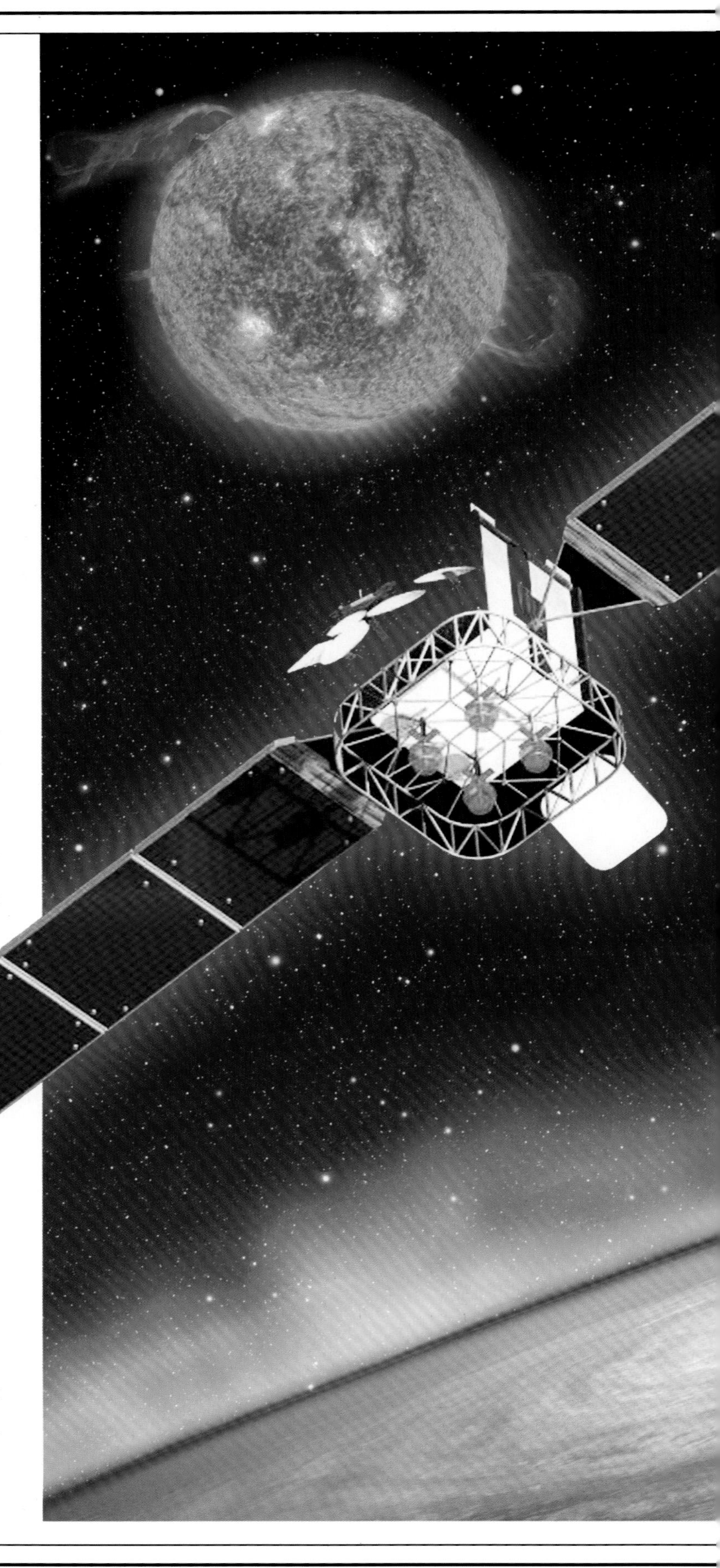

太阳风暴

虽然太阳的热量总是很稳定，但它的带电粒子风暴却在时时变化。太阳上活跃的磁场区域有时会喷射出太阳耀斑或称为“日冕物质抛射”（CME）的磁化气体云。

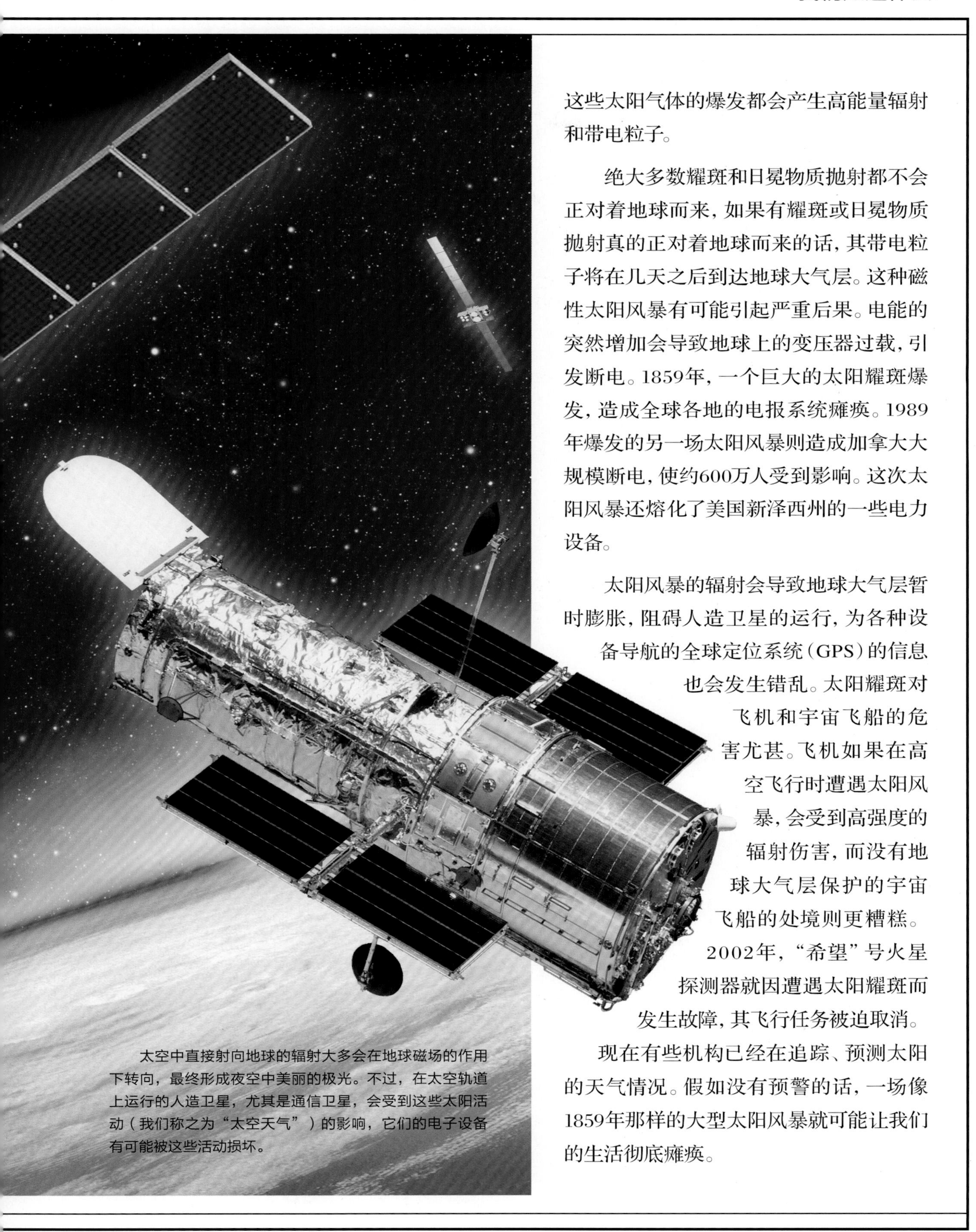

太空中直接射向地球的辐射大多会在地球磁场的作用下转向，最终形成夜空中美丽的极光。不过，在太空轨道上运行的人造卫星，尤其是通信卫星，会受到这些太阳活动（我们称之为“太空天气”）的影响，它们的电子设备有可能被这些活动损坏。

这些太阳气体的爆发都会产生高能量辐射和带电粒子。

绝大多数耀斑和日冕物质抛射都不会正对着地球而来，如果有耀斑或日冕物质抛射真的正对着地球而来的话，其带电粒子将在几天之后到达地球大气层。这种磁性太阳风暴有可能引起严重后果。电能的突然增加会导致地球上的变压器过载，引发断电。1859年，一个巨大的太阳耀斑爆发，造成全球各地的电报系统瘫痪。1989年爆发的另一场太阳风暴则造成加拿大大规模断电，使约600万人受到影响。这次太阳风暴还熔化了美国新泽西州的一些电力设备。

太阳风暴的辐射会导致地球大气层暂时膨胀，阻碍人造卫星的运行，为各种设备导航的全球定位系统（GPS）的信息也会发生错乱。太阳耀斑对飞机和宇宙飞船的危害尤甚。飞机如果在高空飞行时遭遇太阳风暴，会受到高强度的辐射伤害，而没有地球大气层保护的宇宙飞船的处境则更糟糕。2002年，“希望”号火星探测器就因遭遇太阳耀斑而发生故障，其飞行任务被迫取消。

现在有些机构已经在追踪、预测太阳的天气情况。假如没有预警的话，一场像1859年那样的大型太阳风暴就可能让我们的生活彻底瘫痪。

观测太空

自从17世纪望远镜被发明出来以后，人们发现宇宙远比我们肉眼所见的要大得多。通过望远镜进行观测，人们发现了以前看不见的行星、恒星和星系。最初的望远镜只能追踪可见光，也就是我们的肉眼可以看见的光线；到了20世纪，望远镜不但可以追踪可见光，还能追踪各种不可见的光线或辐射，如无线电波、X射线和γ射线。

为了追踪不同类型的辐射，天文学家建造了不同种类的望远镜。通常情况下，望远镜的尺寸越大越好，因为大型的反射镜或射电抛物面天线能够收集到更多辐射，从而为天文学家提供更多可研究的信息。所以，科学家目前正在建造一些规模空前的大型望远镜。位于智利阿塔卡马沙漠的甚大望远镜（VLT），由四架镜面直径为8.2米的望远镜组成。其中每架望远镜都可独立使用，也可以四架合作研究同一对象。巨型麦哲伦望远镜（GMT）完工之后也会安置在阿塔卡马沙漠，它的7个镜面可组成一个直径为24.5米的联合工作面。

同样位于这片沙漠的还有一组射电望远镜，名字叫作“阿塔卡马大型毫米波/亚毫米波天线阵（Atacama Large Millimeter/submillimeter Array）”，简称ALMA。这组射电望远镜拥有66块射电抛物面天线，其接收到的信号会被一台计算机汇总起来，形成一个非常强烈的信号。阿塔卡马射电望远镜用于观测那些对普通望远镜而言过于黑暗的宇宙空间。

三十米望远镜（TMT）目前尚未建成。当它在夏威夷高高的莫纳克亚山山顶建造完成后，它那直径30米的镜面将不仅能收集可见光，还能收集来自太空深处的不可见的红外线。

通过研究各种形式的辐射——包括可见光，天文学家能够更好地了解宇宙。

目前有三个大型望远镜计划正在进行之中，它们将改变我们对宇宙的看法。巨型麦哲伦望远镜（图左）和三十米望远镜（图右）预计将于 2021 年左右建造完成。图中所示的在太空轨道中运行的是詹姆斯・韦伯空间望远镜，它将接替哈勃空间望远镜，预计将在太空中服役几十年。

当我们的旅行飞船经过海王星时，太阳已远在 45 亿千米之外，但它发出的阳光仍非常明亮。

漫游太阳系

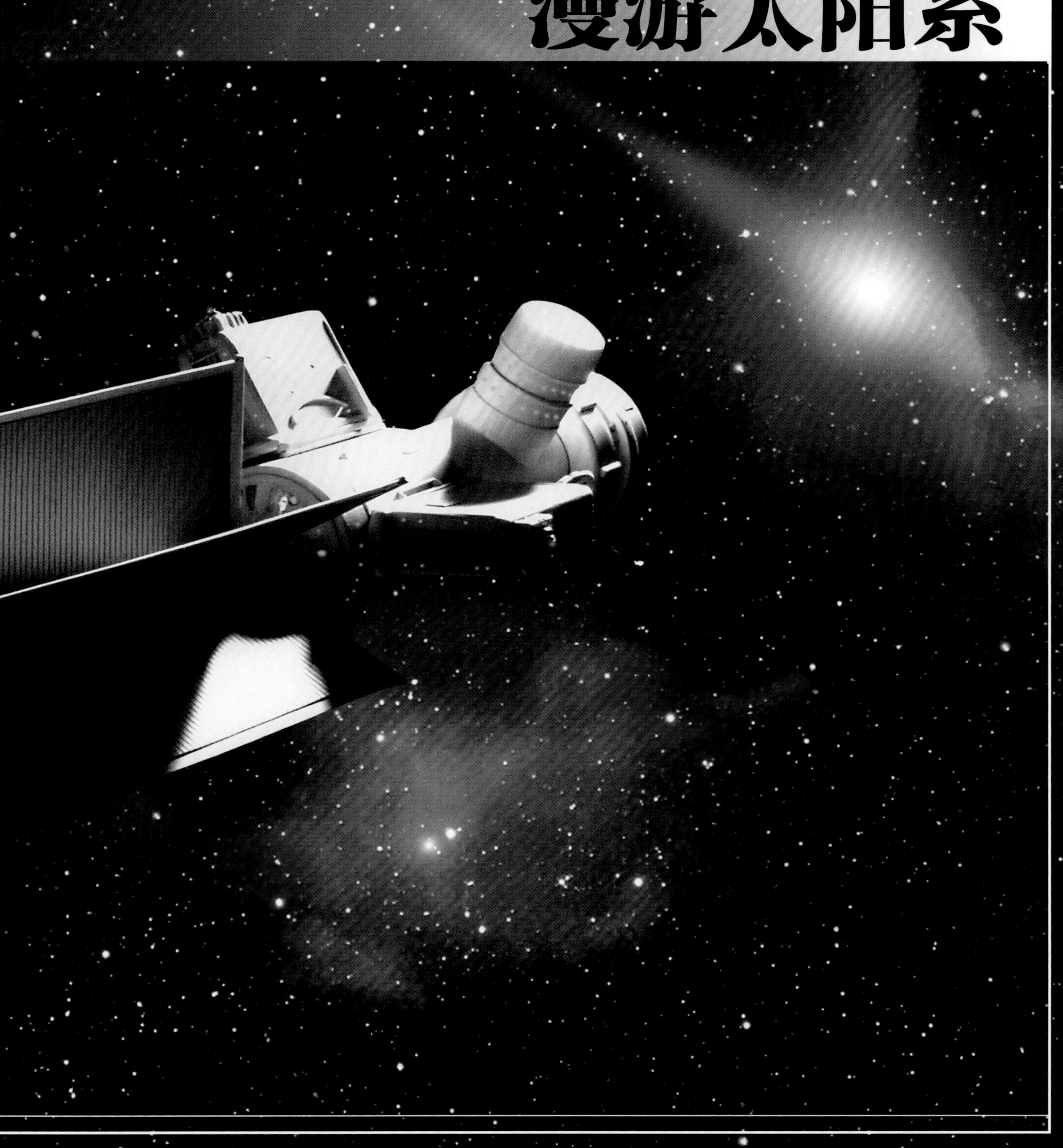

我们的太阳系

太阳系是由太阳和围绕着它公转的行星、小行星和彗星构成的。46亿年前，我们的太阳系诞生于一团充满气体和尘埃云的星云中。今天，天文学家根据行星的大小和密度把它们分成三类。一类是绕太阳旋转、离太阳最近、体积较小而密度较大的行星，如水星、金星、地球和火星。它们主要由岩石构成，如果将它们放进一个巨大的水桶中，它们很快就会沉入水底。我们称这些行星为类地行星（terrestrial planets），这个词来自拉丁语terra，意思是陆地。

在类地行星外层是小行星带，包括许多由岩石构成的小行星，其中有一颗极为特别的天

这幅图展示了目前天文学家在太阳系内已经发现的 13 颗行星。除了行星的相对大小外，图中行星之间的相对距离或在公转轨道上的位置是不准确的。在夜间，我们不用望远镜也能看到太阳系内的大部分行星。

体——谷神星。它是一颗矮行星，这类天体在2006年由国际天文学联合会确立分类。

再往外则是巨大的气态行星——木星、土星、天王星和海王星。它们的体积都十分庞大，由气体构成，周围有行星环和许多卫星。天文学家将它们称为类木行星。

在气态行星之外，一直延伸到遥远太空的领域被称为柯伊伯带，其中有大量彗星和星系的残骸。冥王星、妊神星、鸟神星和阋神星都位于柯伊伯带中，并绕着太阳公转。它们与小行星带中的谷神星都属于矮行星，由冰和岩石混合而成。

伟大的旅行

我们想象中的“新星”号旅行飞船比最豪华的远洋游轮还要大，它将带我们前往太阳系最远的疆界——矮行星阋神星。船员包括一名船长、一名驾驶员兼领航员、一名飞行工程师、一位医生、两位科学家、一名装备专家和两名幸运的游客。总人数比今天太空飞船上所载的人数没多多少。

这将是一次兼具观光与勘察性质的旅行，因此我们将花大量的时间来观察。绝大部分工作都将由飞船上的电脑完成，甚至飞行计划也是事先

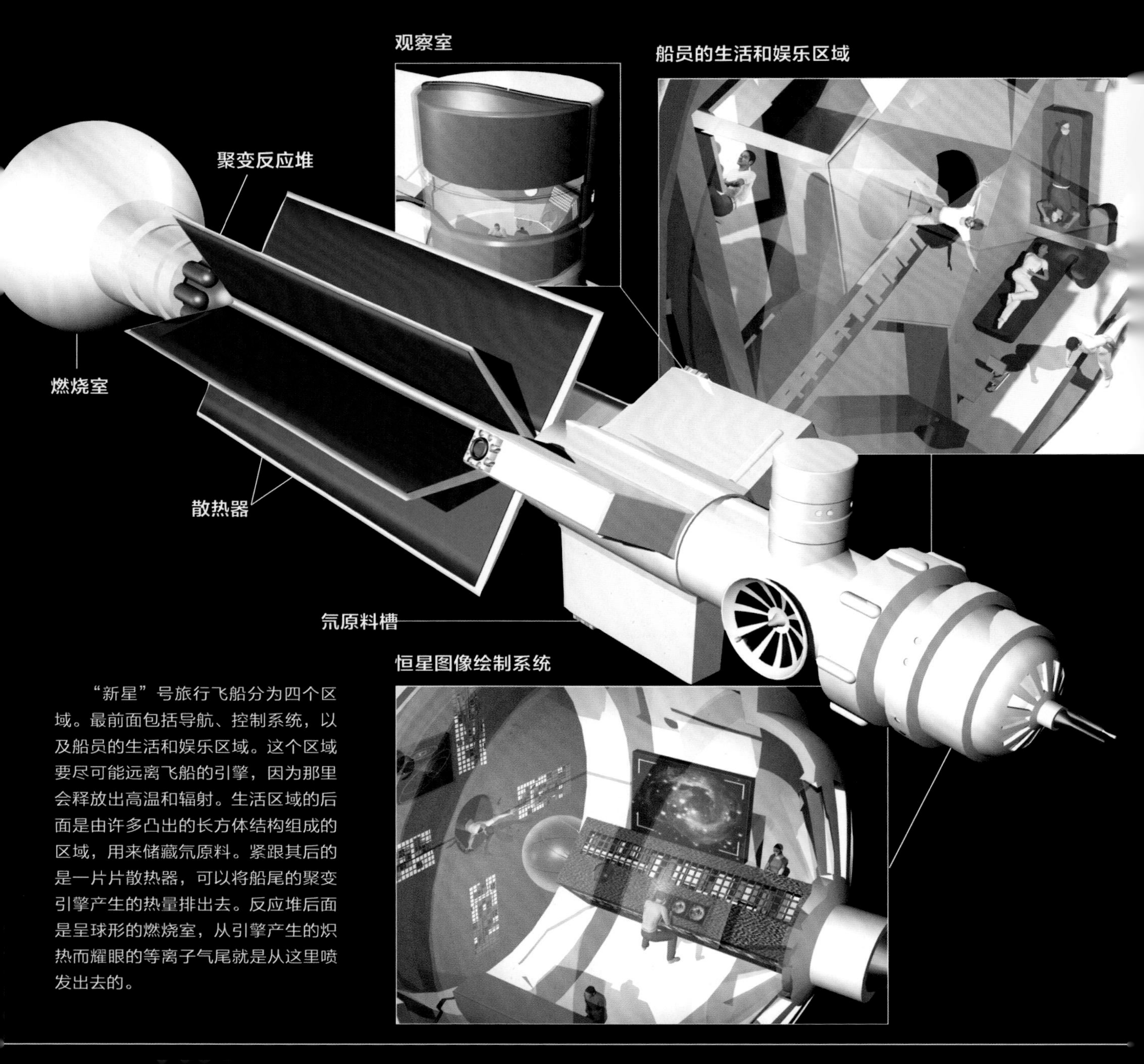

“新星”号旅行飞船分为四个区域。最前面包括导航、控制系统，以及船员的生活和娱乐区域。这个区域要尽可能远离飞船的引擎，因为那里会释放出高温和辐射。生活区域的后面是由许多凸出的长方体结构组成的区域，用来储藏氘原料。紧跟其后的是一片片散热器，可以将船尾的聚变引擎产生的热量排出去。反应堆后面是呈球形的燃烧室，从引擎产生的炽热而耀眼的等离子气尾就是从这里喷发出去的。

定好的。因此“新星”号可以说是自动飞行。最重要的是，无论我们做什么事，从工作到健身，我们将一直处于失重状态。这意味着在空间高速运行时我们会一直飘浮在“新星”号里。

高速前进

我们前往已知最遥远的行星将花费几个月而不是几年的时间，因为我们的飞船利用核聚变产生的能量作为能源，融合了氘（也叫“重氢”）和氦–3，这可以使我们以不可思议的速度（光速的百分之一）航行。光每秒前进30万千米，因此我们将以每小时约1000万千米的速度疾驰。

按照这样的速度，我们可以在60天内完成从地球到阋神星的往返旅程。相比而言，目前太空飞船的速度仅为每小时2.8万千米左右。因此，如果我们乘坐太空飞船飞往阋神星，即使中间没有任何停留，也要花超过70年的时间。

利用核聚变反应推动飞船的想法在科学上是可行的，但目前要制造出这样一艘飞船还不现实。我们还要发展相应的技术来保存核聚变释放的热量和辐射。科学家正在努力攻克这个难题。

在冲出地球轨道之前，我们的飞船将先驶往太阳。这是为了利用所谓的“引力助推”效应。在接近某颗行星或恒星时我们调整飞船的方向，对准一个特别的角度，引力会将我们拉向这个天体的轨道，我们可以实现加速并节约燃料。绕过该天体后，我们会冲出它的轨道，然后像被巨型弹弓弹射出去一样驶入太空深处。许多人造卫星都利用这种方法来实现加速。

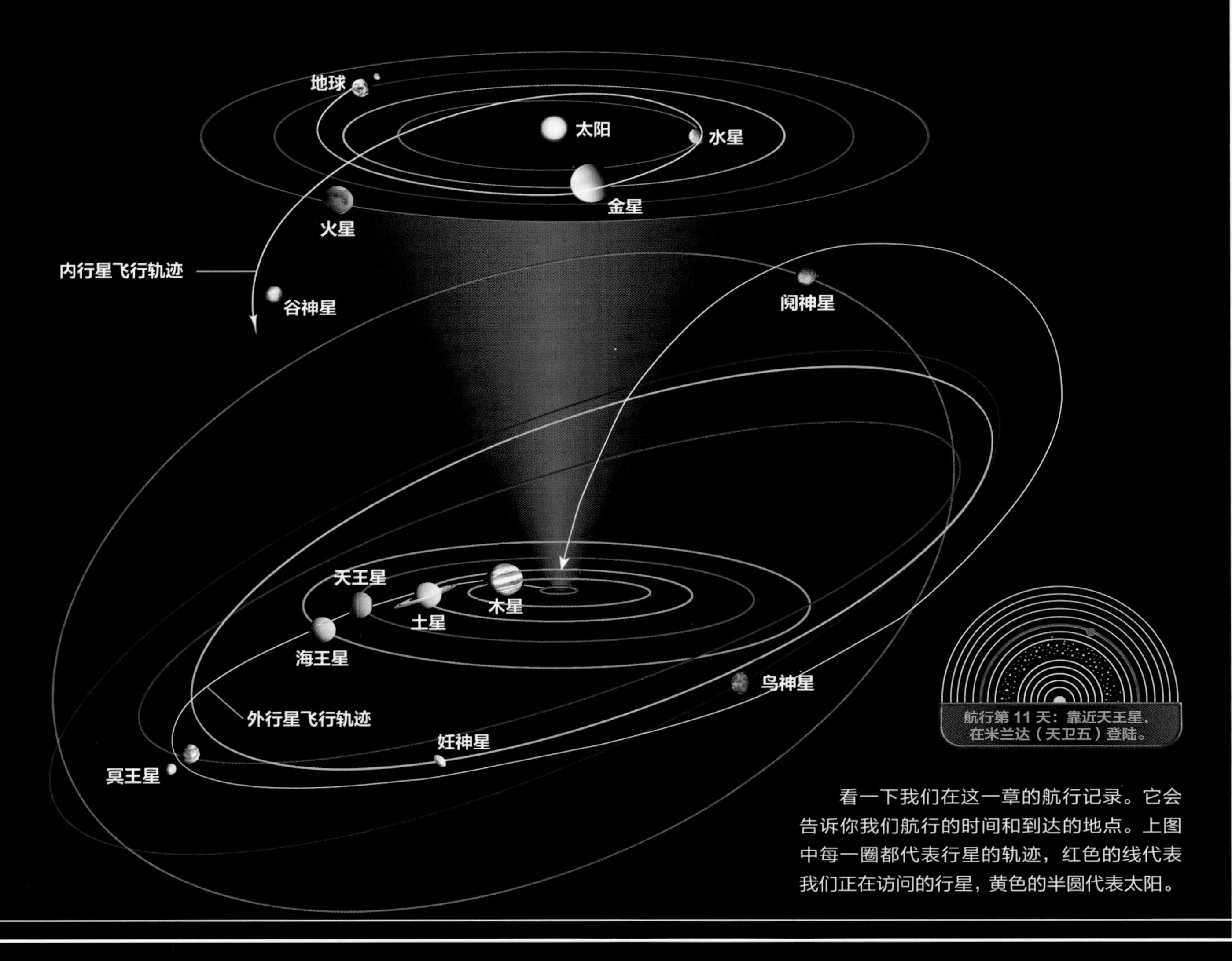

看一下我们在这一章的航行记录。它会告诉你我们航行的时间和到达的地点。上图中每一圈都代表行星的轨迹，红色的线代表我们正在访问的行星，黄色的半圆代表太阳。

金星

金星像是天空中一颗璀璨的宝石，被称为“地球的姊妹星”。尽管人们喜欢把它和美丽联系在一起，但金星实际上拥有令人恐惧的红色地貌，阳光也被厚厚的云层阻隔了。

金星比地球略小，化学组成与地球相似。金星的表面曾经也像地球一样由海洋覆盖，周围还曾有一颗卫星环绕它飞行，但现今的金星是太阳系中最不适合居住的行星之一。

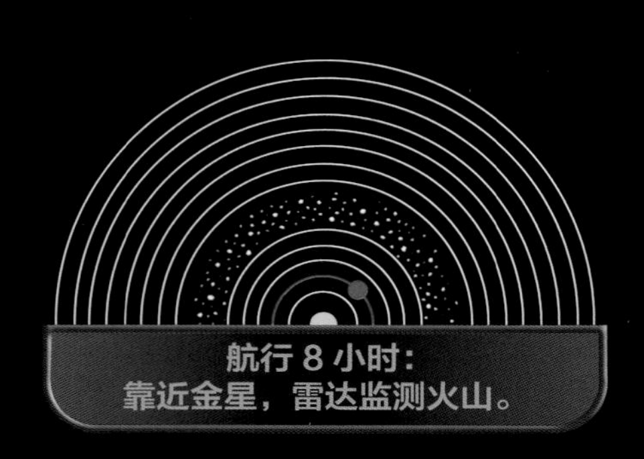

航行 8 小时：
靠近金星，雷达监测火山。

金星的表面包裹着厚达65千米的二氧化碳云层。在太阳系中，金星的大气是最密的，超过地球大气90倍。上到金星表面的人会像一只纸杯一样被压扁或烤干。

金星的表面温度可达471℃，能融化铅。在云层的顶部，风以320千米的时速呼啸而过，而地面则几乎没有风。因为空气异常致密，就算是一阵微风也会像海洋中的巨浪一样把你掀翻。

金星的信息档案表	
距离太阳的平均距离	108209475 千米
距太阳排列顺序	第二位
赤道直径	12100 千米
质量（设地球质量 =1）	0.815
密度（水的密度 =1）	5.24
自转周期	243 天
公转周期	225 天
表面平均温度	471 ℃
卫星数量	0

当我们的飞船逐渐接近金星时，新月状的金星显得十分明亮。这是因为金星的云层将太阳光反射到太空中。金星外围是闪烁的昴宿星团，也称为“七姐妹星”。

直到20世纪50年代后期，科学家还认为金星表面布满了沼泽和茂密的热带丛林，但今天我们知道事实根本不是这么回事。金星是太阳系中最干燥的地方之一，没有任何水的迹象。根据天文学家的研究，金星上从不下雨，即使是落下硫酸滴，在落到地面之前也被蒸发了。除此之外，其白天和晚上的气温几乎没有什么变化。因此，有人戏称金星上不需要天气预报，因为即使有，天气预报的内容也每天都一样。

核：镍铁

幔：硅酸盐

壳：硅酸盐

和地球一样，金星也有一个镍铁核，外层是由熔岩组成的地幔和地壳。当地幔中的熔岩相互挤压时，会从火山口以岩浆的形式涌出。金星表面年代最久远的地貌特征存在时间不超过8亿年。

金星的表面有许多被流星撞击留下的坑坑洼洼的陨星坑，直径为2.4～270千米。较小的陨星在撞击地面前，就在厚厚的大气层中燃烧殆尽了，所以金星的表面没有小的陨星坑。比较明显的地貌是两个面积较大、表面平整的高原地区，可能在金星表面有远古海洋的时候就形成了。一个是位于北半球的伊斯塔泰拉，大小与澳大利亚差不多；另一个是沿着赤道分布的阿芙罗蒂泰拉，大小与南美洲相当。

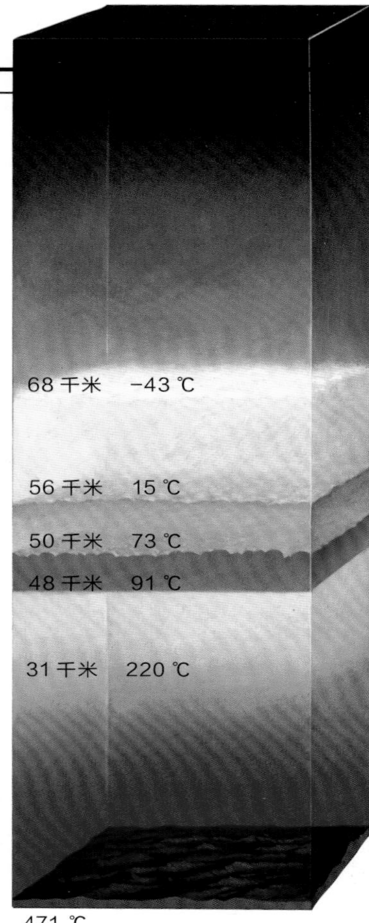

云层像厚厚的毛毯一样包裹着金星，将阳光反射回太空，使得金星的温度降低。然而，大气中高浓度的二氧化碳能保持热量，引发温室效应。因此，目前科学家对我们地球大气层中不断增加的二氧化碳含量及其产生的影响越发重视。

火山的世界

在金星广阔的平原上耸立着

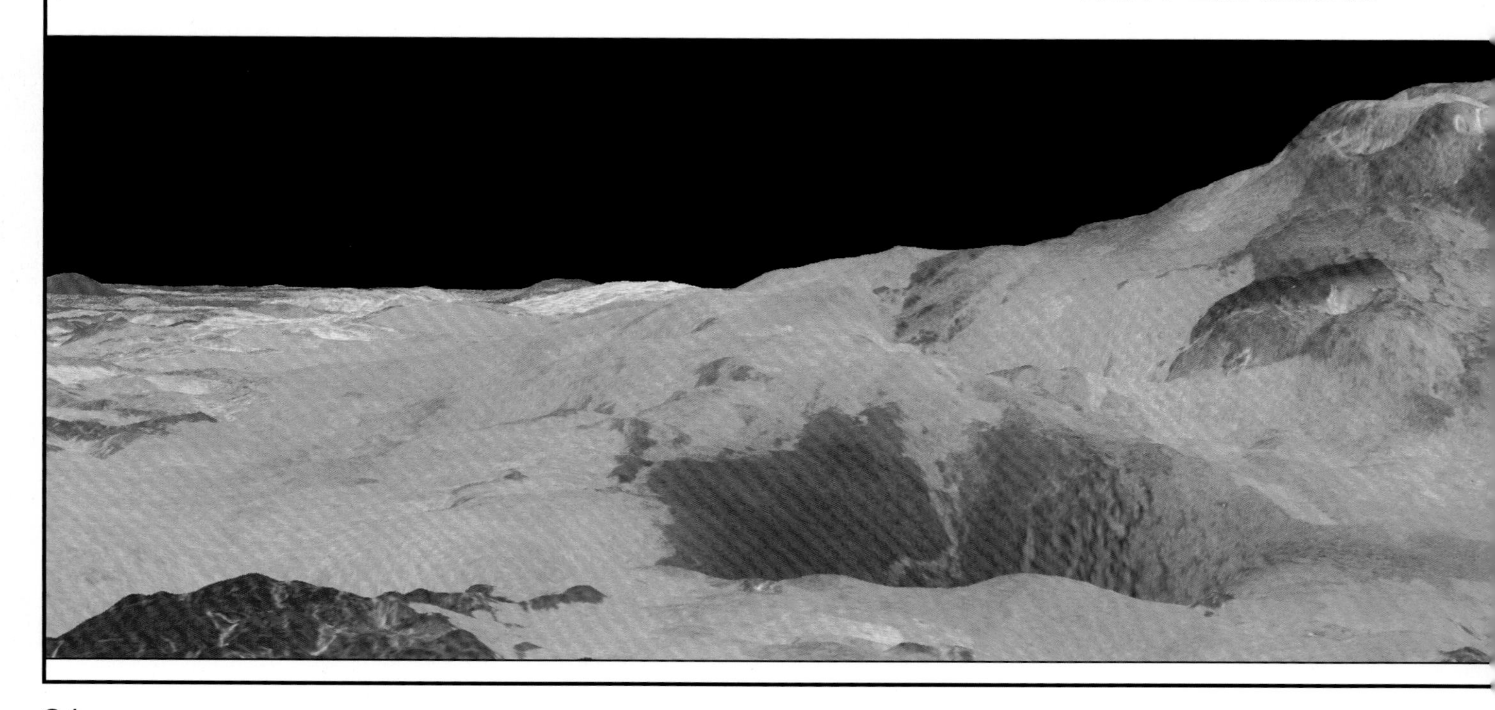

不同大小和类型的火山，熔岩覆盖了金星的很多区域。大约有170个火山的最长直径超过97千米。

火山爆发时会释放大量的二氧化碳，由此产生的温室效应导致金星异常酷热。据此，科学家认为由于温度不断升高，才使金星上的远古海洋被蒸发了。

也许几百万年后的某一天，当火山不再爆发，金星开始冷却时，海洋便会逐渐形成。与地球上的海洋一样，金星上的海水可以自然溶解二氧化碳，这将快速减少它们在大气中的含量。那时金星将变得更像地球，真正成为地球的姊妹星。

金星的位相

金星是天空中第三明亮的天体，仅次于太阳和月亮。事实上，如果你有一幅星图，并知道如何观察天空，即使在白天你也能找到金星的位置。古希腊人认为出现在晚上的夜星和出现在早上的晨星是有区别的。由于金星的轨道在地球轨道以内，所以在傍晚和清早时分我们都能看到它。

从地球上看，金星和月亮一样有位相的变化（上图）。当它在离我们较远的轨道处时，它看上去要小一些，但能被阳光完全照射，形状像满月。当离地球较近时，它显得较大，像一弯新月，但比较暗淡。

1610 年，天文学家伽利略第一次对金星进行观测，发现天体并不是像许多人以为的那样在绕地球转动。伽利略的观测为地球和其他行星都绕太阳转动的理论提供了重要证据。

你用一个 40 倍的望远镜，可以很容易地观察到金星几周内的位相变化。它看上去可能会有点变形，周围有黄色和紫色的光晕，这是地球大气扭曲了金星的光芒造成的。

金星上 80% 的地貌是火山平原，上面覆盖着奇特的圆顶状结构，它们是融化的岩石凸出后硬化的结果。下图中名为“古拉蒙斯”的火山是盾形火山，高约 4 千米。

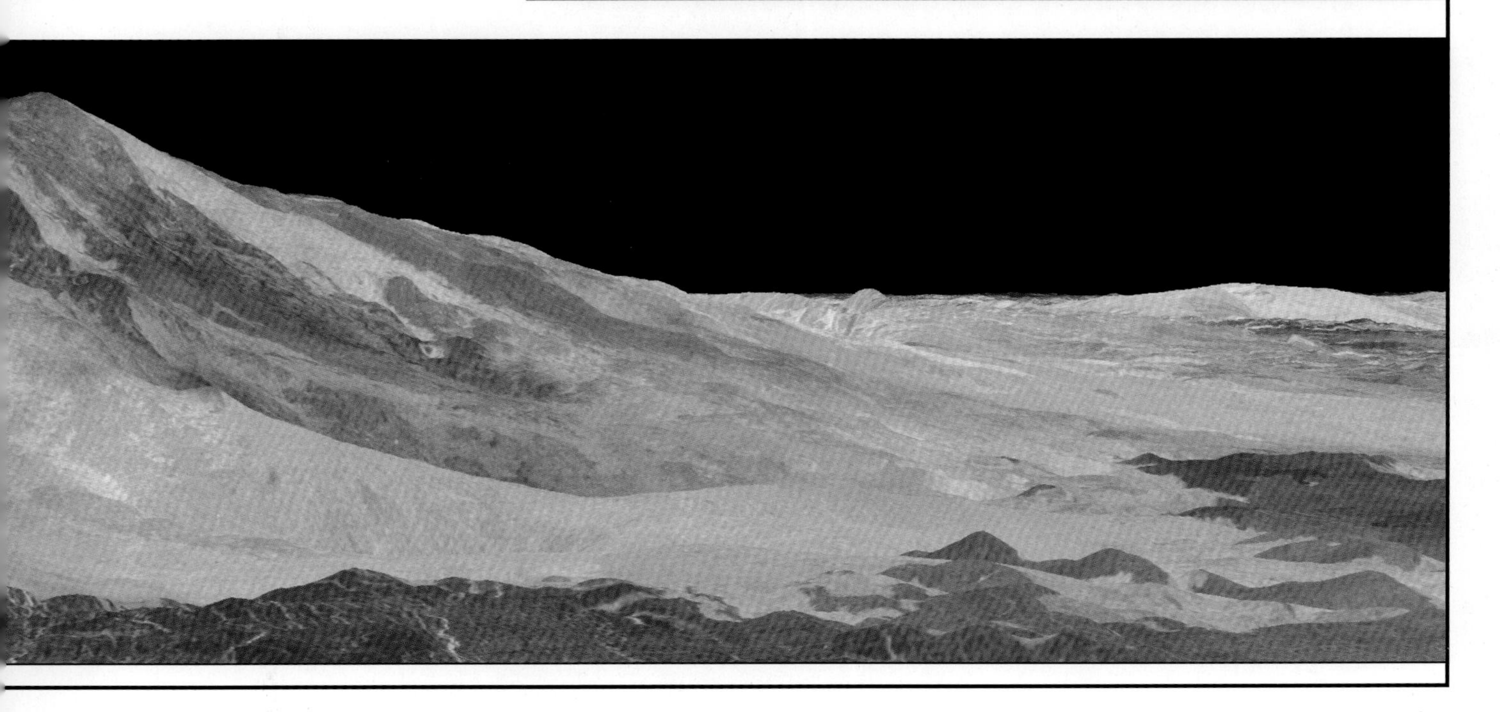

水星

我们旅行的下一站是水星，它是离太阳最近、体积最小的类地行星。因为它的轨道离太阳太近，所以水星常常被淹没在太阳的光辉中，很难被我们看到。

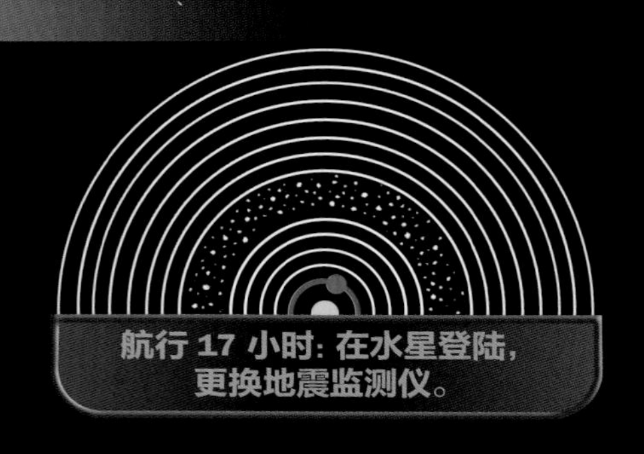

在水星上旅行将会是一场噩梦。遍布的陨星坑、绵延的山岭和古老的火山使它的表面看上去伤痕累累。

水星的自转轴没有倾斜，因此阳光可以直射赤道。这使得水星白天酷热、夜晚寒冷。阳光照射到的区域温度高达427 ℃，而没有阳光的区域温度低至零下173 ℃。

水星绕太阳转动一周需要88天，但太阳从升起到落下需要25周多一点，因此水星的一天相当于地球上的176天！由于水星每公转两周就自转三周，所以水星上日出和日落的景象非常怪异。如果你站在水星的赤道上，根据所处位置的不同，太阳升起和落下的方式也会不一样。在有些地方看，我们可以看见太阳先是升高，然后停顿一会，再反向运动，似乎在下落，接下来再次停顿，然后上升。最终它将变得越来越小，在西方落下。

水星的信息档案表

距离太阳的平均距离	57909227 千米
距太阳排列顺序	第一位
赤道直径	4878 千米
质量（设地球质量 =1）	0.055
密度（水的密度 =1）	5.43
自转周期	59 天
公转周期	88 天
表面平均温度	-173 ~ 427 ℃
卫星数量	0

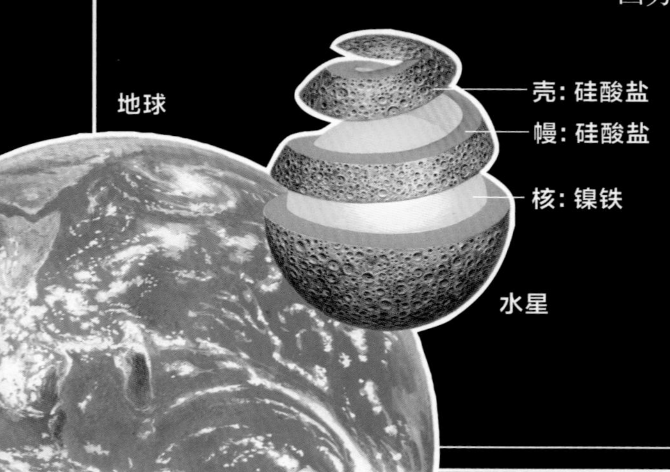

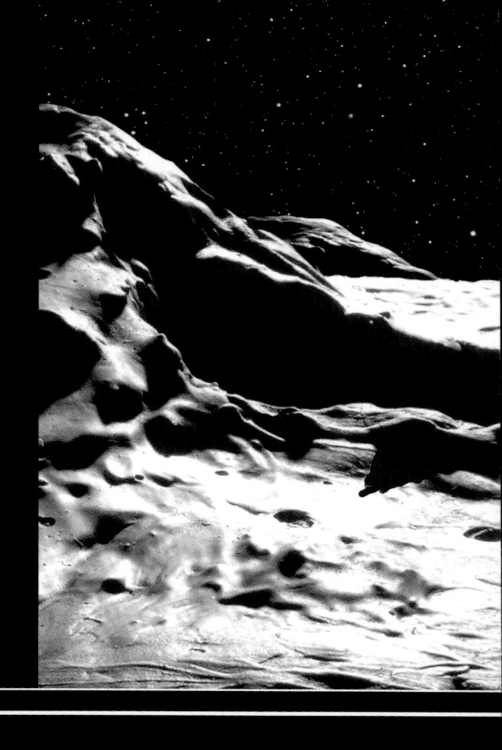

我们可以想象在未来的某一天，宇航员将探索水星的卡洛里盆地（右图），它是太阳系中最大的陨星坑之一，直径大约有 1550 千米。它形成于40亿年前，当时一颗巨型的小行星撞击了水星，其能量相当于1 万亿颗氢弹爆发。

太阳

太阳是一颗年龄达46亿岁的中年恒星。它维系着太阳系，并为地球上的繁茂生命提供所需的能量。太阳系总质量的99%来自太阳，剩下的1%来自行星、卫星、小行星和彗星的质量总和。

航行第 2 天：飞过太阳，用重力助推器加速。

尽管太阳有100万个地球那么大，它仍然只是一颗中等大小的恒星。位于猎户座肩膀上的参宿四比太阳大400倍。和其他恒星一样，太阳是一个巨大的氢气球，通过核聚变过程释放光和热。不同于核裂变反应通过原子核分裂产生致命的辐射，太阳的核聚变将原子核压缩到一起，产生更清洁、更高能的反应。太阳通过核聚变，每秒将大约400万吨的物质转化为能量。

和其他恒星一样，太阳也绕着银河系的中心旋转。它位于银河系一条旋臂的中部，大约每2.25亿年公转一周。

太阳的信息档案表	
径	1390000 千米
均温度	5500 ℃
星的类型	黄色（光谱型 G2）
龄	46 亿岁

我们的飞船以安全的距离飞过太阳，这时一个巨大的耀斑正在爆发（右图）。耀斑抛射物在空中可延展几百万千米（左图），释放的能量超过地球上所有原子弹爆炸产生的总能量。

地球

太阳

太阳的成分中包含74%的氢和25%的氦，剩下的1%包括铁、碳、铅、铀等微量元素。这些微量元素为我们提供了关于恒星历史的重要线索。它们是恒星爆炸时产生的重元素。由于这些元素的含量在太阳内部比较丰富，科学家认为它们是在以前发生的两次恒星爆炸中合成的。太阳以及它自身包含的所有元素，甚至地球上和我们身体内的各种元素都来自这些已经爆炸两次的恒星。

在太空中，宇航员看到的太阳是白色的。但在地球上，透过地球大气我们看到的太阳是黄色的。天文学家在研究太阳表面特征时，发现它的结

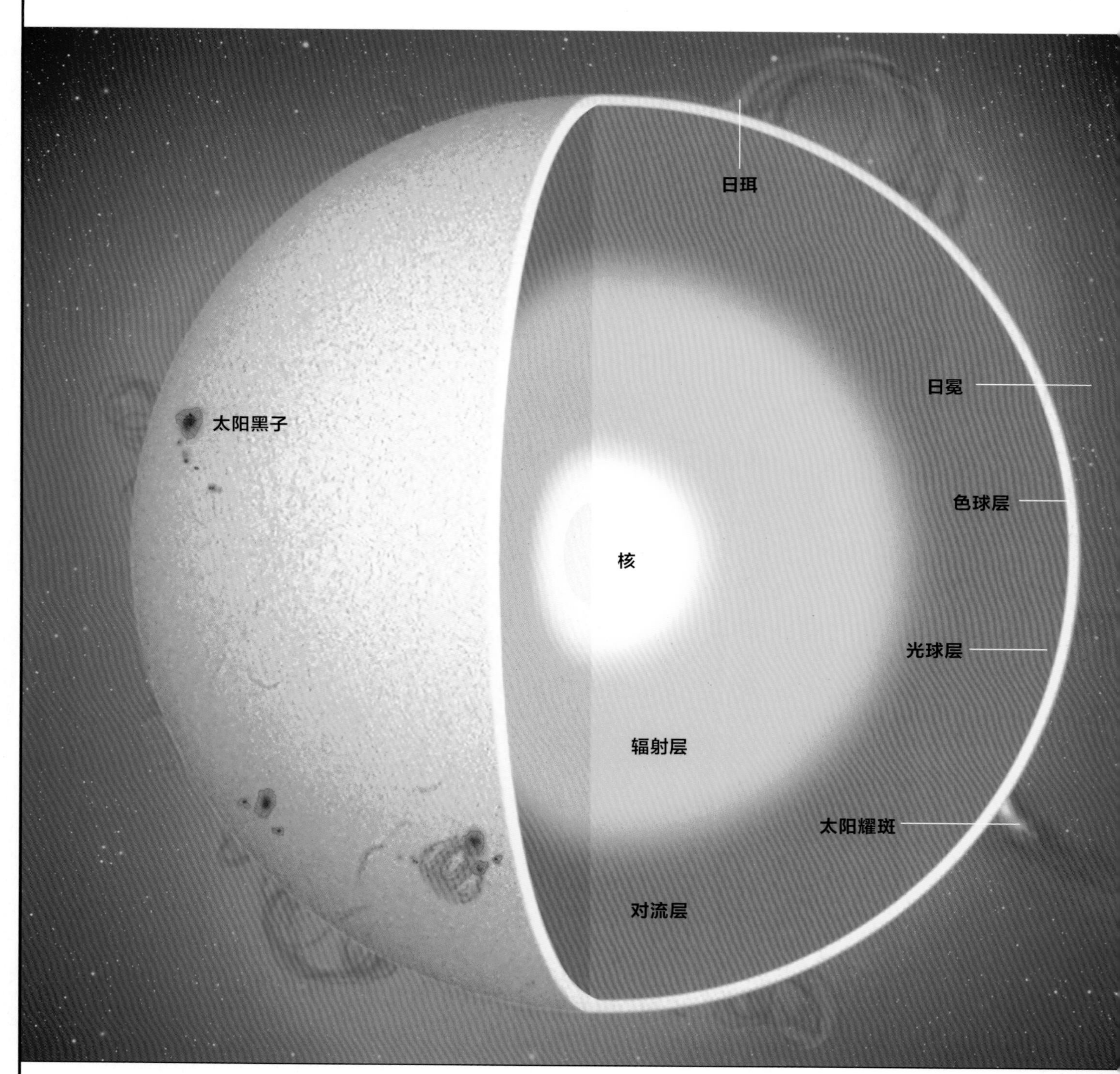

构远比想象中复杂得多。最明显的特征是太阳黑子，这些发暗的斑点是温度较低的区域，与其他高温区域相比显得暗一些。太阳表面的平均温度约为5500 ℃，黑子的平均温度约为3300 ℃。超热气体从黑子中喷出，形成的环状结构称为日珥。日珥将黑子相互连接，沿着看不见的磁力线运动。这些环可以从太阳的色球层延伸到几万千米之外，有些甚至可达几十万千米。太阳耀斑是带电粒子的爆发现象，有时可以从太阳表面喷射到极其遥远的空间。它们在地球、木星、土星，甚至遥远的天王星和海王星上都形成了美丽的极光景象。

在太阳的可见表面即光球层之上（左图），有一层大约 1600 千米厚的色球层，色球层外面是日冕。科学家发现日冕的温度要比太阳表面的温度高数千倍，这是因为等离子体对日冕有加热作用。

通过卫星拍摄的照片，我们可以看见日冕中束状的气体流，它们延伸到百万千米外的空间。在地球上，日冕仅在日全食时才能看到。

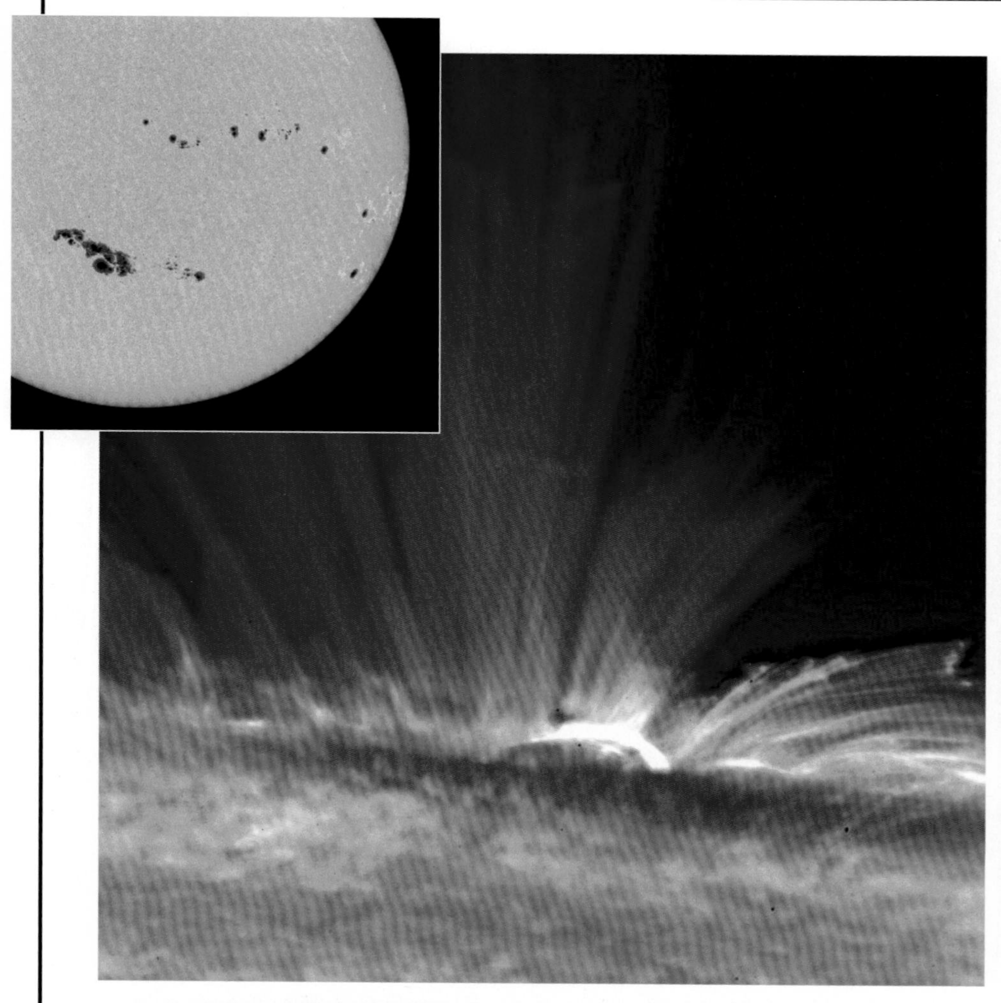

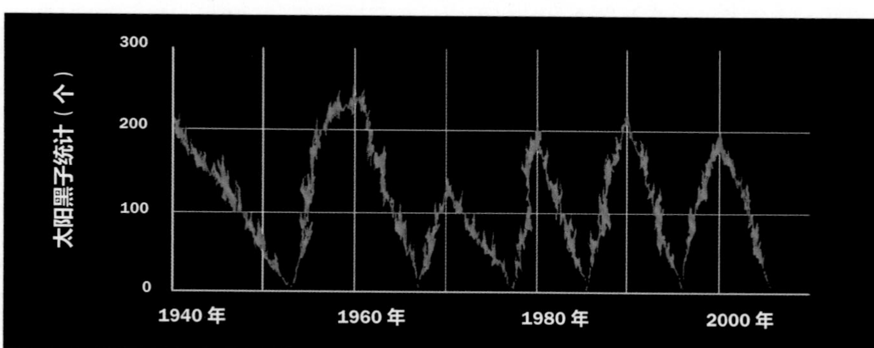

太阳有一个巨大的磁场，每11年就掉转一次方向。太阳黑子是光球上温度相对较低的区域（左上小图），最大的黑子几乎是地球大小的两倍。它们的变化周期也是11年（见上表）。

上图（左上大图）的照片展示了在太阳边缘爆发的一个耀斑。

我们知道太阳是地球上所有生命的能量来源，离开它我们就无法生存，但它有时也会给我们带来麻烦。

2003年10月28日，太阳发生了一次强烈的耀斑爆发。这次耀斑产生的带电高能粒子流对地球产生了诸多影响。飞机不能飞往北极，否则乘客将暴露在强烈的辐射中。除此之外，瑞典发生了停电事件，一些卫星也被损坏了。包括哈勃空间

望远镜在内的很多卫星都不得不停止工作，切换到“安全模式”，以保护它们脆弱的电子元器件。

随着人类对新技术的依赖性逐渐增强，因太阳耀斑引起的电网超负荷运载、电子通信中断和大规模停电等事件将会对我们的生活产生更多影响。当太阳耀斑爆发时，太空旅行者也需要采取特别的防护措施。

在昏暗的冬夜，北极的天空（上图）会被闪烁的绿色或红色的极光照亮。这些北极光是由太阳带电粒子流中的带电粒子与地球高空大气中的粒子相互碰撞产生的。

火星

现在我们正在接近离地球最近的行星——火星。火星比地球小，上面有太阳系中最为壮观的景色。连绵的峡谷可以跨越地球上的整个北美洲，高耸的火山俯视着曾经是浅海的荒芜平原。

航行第 3 天：靠近火星，在火卫一登陆。

火星上也有极区的冰帽、壮丽的沙丘、百万年前形成的撞击坑和像小型龙卷风一样肆虐的沙尘暴。在19世纪，有的天文学家认为火星上可能存在智慧生命，而火星上的“工程师”可能在这颗星球上设计了纵横交错的运河，将水从南北极运到火星上的城市里。当太空飞船到达火星后，他们就否定了这个想法，但火星上是否有微型生命呢？

液态水是地球上生命所必需的。火星上大气稀薄、温度太低，因此表面不可能存在液态水，即使有，它也会很快结冰或蒸发，这就是火星上没有海洋的原因。但有迹象表明地下水偶尔会流到表面，火星或许有隐藏着的湿润的生命栖息地。

火星的信息档案表	
距离太阳的平均距离	227943824 千米
距太阳排列顺序	第四位
赤道直径	6792 千米
质量（设地球质量 =1）	0.107
密度（水的密度 =1）	3.94
自转周期	24 小时 37 分 22 秒
公转周期	686.98 天
表面温度	−133 ~ 27 ℃
卫星数量	2

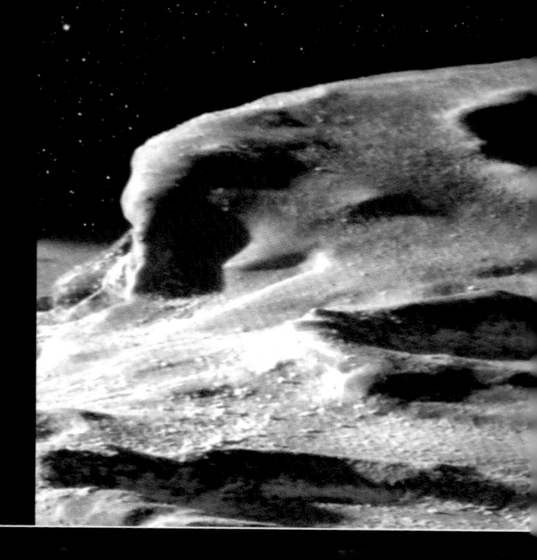

火卫一（右图）在距离火星很近的轨道上运转。在它贫瘠的地面上遥望，火星就像一个巨大的红色球体。火卫一的夜晚非常寒冷，未来去往那里的宇航员必须有所准备。

除了巨大的火山之外，火星上还有太阳系中最长的峡谷——水手号峡谷，就是上图中显示的火星中部的暗条。这个巨大的峡谷长度超过 4990 千米，宽约 193 千米，深达 6 千米。它不是由水流冲刷而成的，而是陆地冷却和皱缩形成的。

火星在夜空中就像一个橙色的灯塔。以两年为一个周期，根据与地球的距离远近，火星的亮度也发生着明暗变化。它的独特颜色是由土壤中的氧化铁形成的，火星就像一块暴露在空气中正在生锈的金属。尽管没有雷电交加的暴风雨，火星上的天气仍极难预测。在火星上，任何地方都能刮起让人无法睁眼的沙尘暴，并笼罩大地长达数月之久。火星上的温度变化也是极大的。正午赤道附近的温度能达到约20℃，夜晚则会降到-73℃左右。火卫一和火卫二是火星的两颗卫星，它们看起来像是被俘获的小行星。与月亮不同，这两颗卫星在夜空中高速运动着。

火星任务

在过去大约50年的时间里，有多艘宇宙飞船曾飞越、环绕或登陆过火星。近些年来，

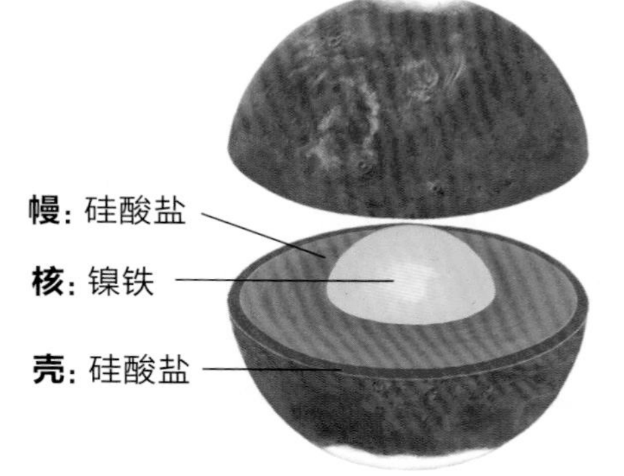

火星的岩石内部金属含量少，因此火星的质量只有地球质量的十分之一。火星表面引力较弱，只有地球引力的三分之一。

机器人探测车直接从沙漠一般的火星表面传回了影像和科学资料。美国国家航空航天局的“好奇”号火星探测车于2012年登陆火星，并且一直在研究火星的土壤。借助机器人的手臂铲起沙土，“好奇”号已经发现了一条古老河床的痕迹，有可能还找到了火星上曾经存在生命体的分子证据。“好奇”号以每小时30米左右的速度缓慢行驶，继续寻找生命的迹象。

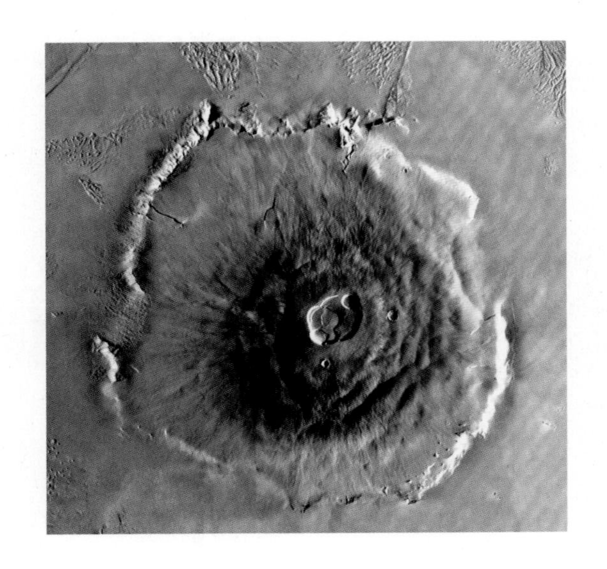

火星上分布着巨大的火山，有的火山大小有地球上火山的100倍大。22千米高的奥林帕斯山（左图）是位于火星赤道附近的4座巨大火山中最大的一座，它是一座盾牌形状的火山，火山口的直径约85千米，总面积相当于美国西南部的新墨西哥州大小。

“好奇”号火星探测车这张特写图展示了它工作时的情形。2011年11月，“好奇”号火星探测车从美国佛罗里达州的卡纳维拉尔角发射升空，于2012年8月在火星着陆。从2013年3月起，“好奇”号在盖尔环形山上按预定计划向夏普山前进，继续它在未来几年内的探测任务。

下面这张照片是“好奇”号火星探测车拍摄的。这辆探测车于2012年登陆火星，随后传回了这幅图像。照片显示的是盖尔环形山上一处名为“点湖”的地点。“好奇”号可能已经发现了火星上存在干涸河床的证据。

谷神星和小行星带

谷神星在2006年被归类为矮行星。1801年，谷神星刚被发现时，许多天文学家认为它可能就是位于火星和木星轨道之间的那颗“失踪的行星”。在接下来的半个世纪里，它一直被认为是一颗行星。但后来在它所处的空间区域里，人们相继发现了很多小行星，于是又将谷神星归入小行星，直到最后才将它归类为矮行星。

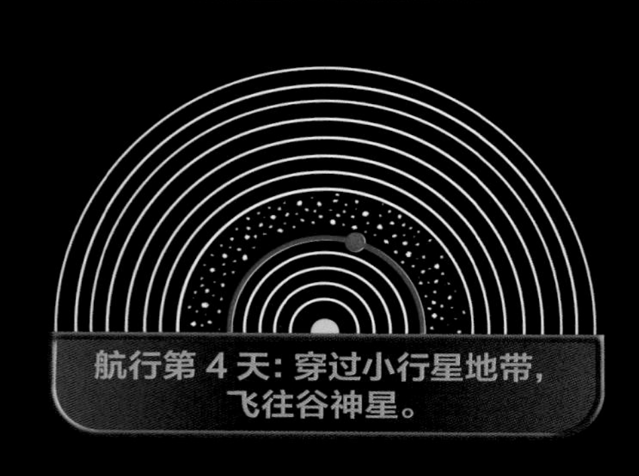

航行第 4 天：穿过小行星地带，飞往谷神星。

谷神星位于小行星带的中央，直径大约940千米，和月球差不多大。它的质量几乎达到了小行星带中千百万个小行星总质量的三分之一。

大小和形状各异的小行星都绕着太阳运转。它们之间的碰撞虽然十分频繁，但这些太阳系的早期残留物并不像有些科幻电影展示的那样拥挤不堪。偶尔木星的引力会将一颗小行星拉出它的轨道并推向太阳。这种情况发生时，这颗小行星可能会撞向某颗类地行星。

谷神星的信息档案表	
距离太阳的平均距离	413690250 千米
距太阳排列顺序	第五位
赤道直径	940 千米
质量（设地球质量 =1）	0.00016
密度（水的密度 =1）	2.08
自转周期	9 小时
公转周期	1680 天
表面平均温度	-106 ℃
卫星数量	0

谷神星（右图）深藏于火星和木星之间的小行星带中，是小行星带中已发现的最大天体。谷神星和超过 20 万颗被称为小行星的岩石天体都是太阳系形成时遗留下的残骸。

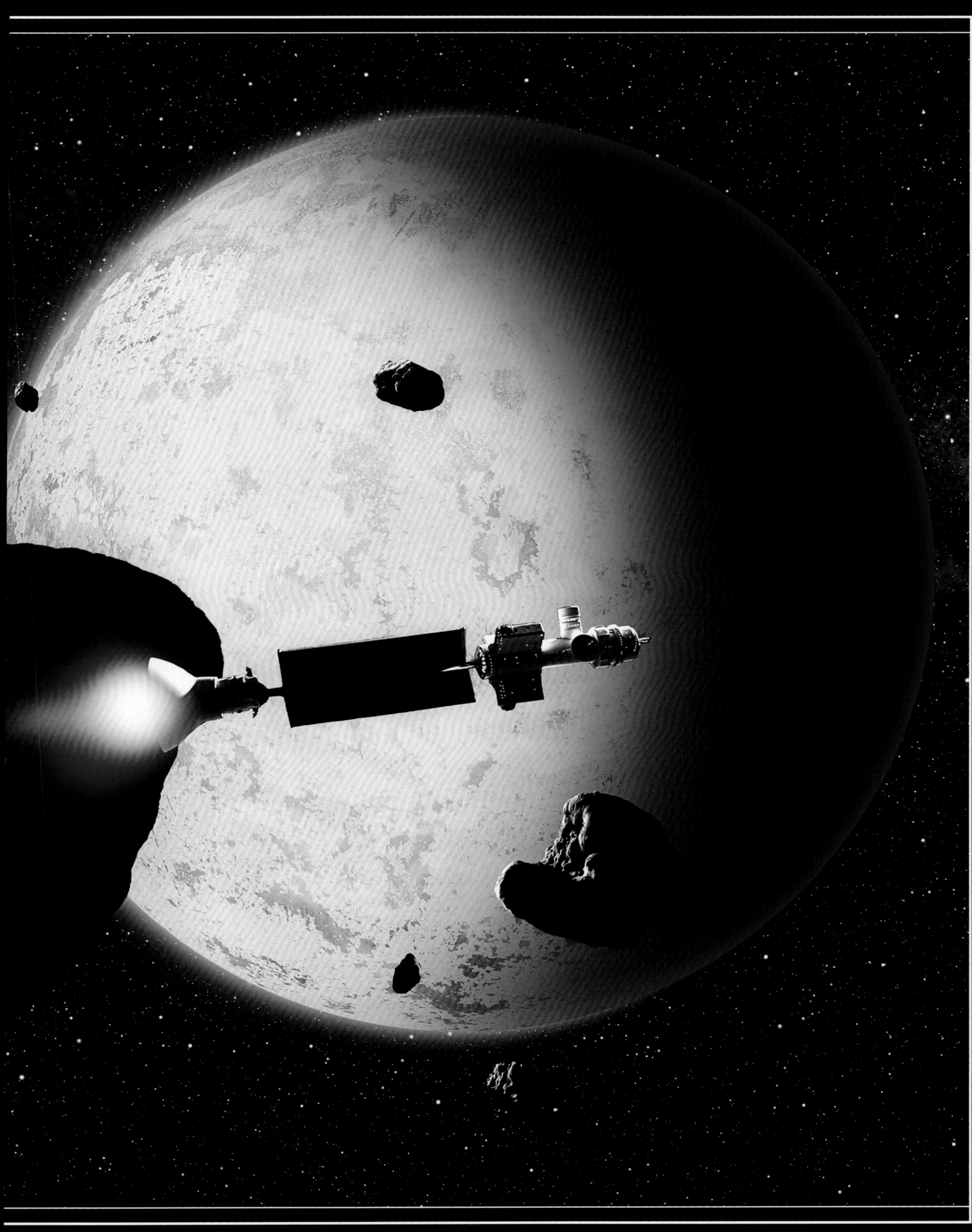

木星

你能想象一颗没有陆地的行星以及一场肆虐几个世纪之久、体积是地球三倍大的红色飓风吗？时速640千米的狂风、天空中电闪雷鸣、极区光怪陆离，这是一颗怎样的行星呢？

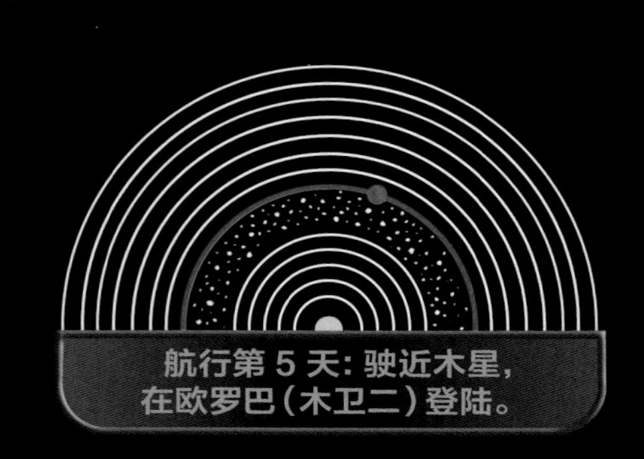

航行第 5 天：驶近木星，在欧罗巴（木卫二）登陆。

接下来，我们在旅程中要探索的就是这样一颗行星——木星。木星是太阳系内最大的行星，甚至把土星在内的其他行星都塞进它的体内仍绰绰有余。木星最少有66颗卫星绕着它运转，俨然是个小太阳系。

不管用什么观测仪器，我们都只能看到木星上方的云层。这使我们看到的木星就像一个硕大的泥泞雪球。

有些人认为木星是一颗失败的恒星。他们认为如果木星再稍微大一些，核燃烧就有可能在它的内部形成，从而它就可以像太阳一样辐射光和热。如果那样的话，我们将有两个太阳。

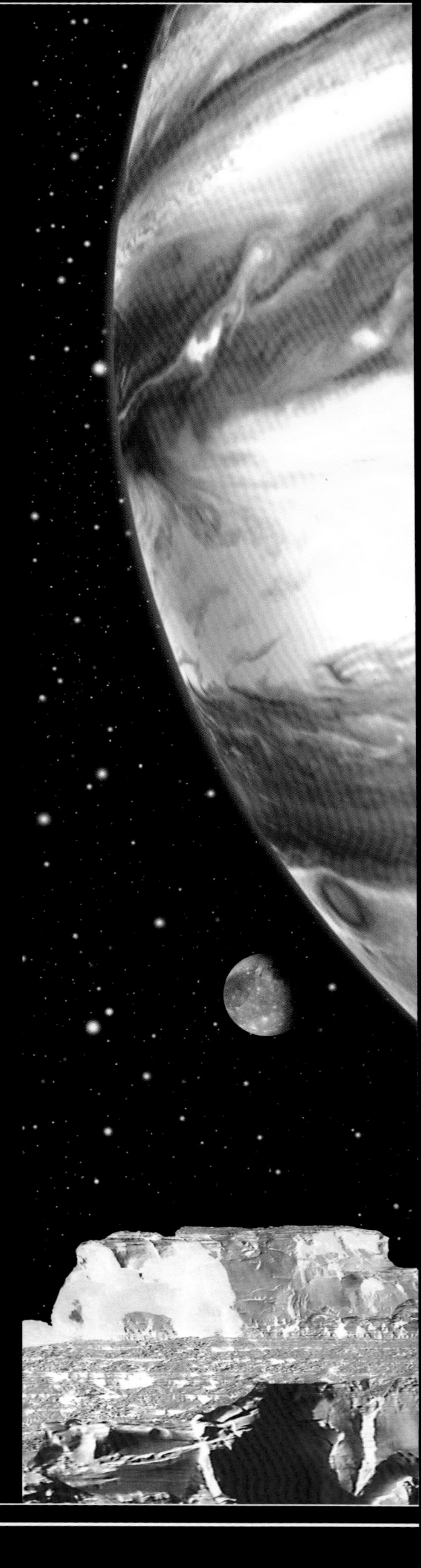

木星的信息档案表	
距离太阳的平均距离	778340821 千米
距太阳排列顺序	第六位
赤道直径	139800 千米
质量（设地球质量 =1）	318
密度（水的密度 =1）	1.3
自转周期	9.9 小时
公转周期	4355 天
表面平均温度	-148 ℃
卫星数量	至少 66 个

星际旅行者站在木星的其中一颗卫星欧罗巴（木卫二）的冰冻表面上（右图），可以看见木星的大红斑。这个飓风旋涡有将近 3 个地球大小，宛如一只宇宙之眼，从木星世界凝视宇宙。

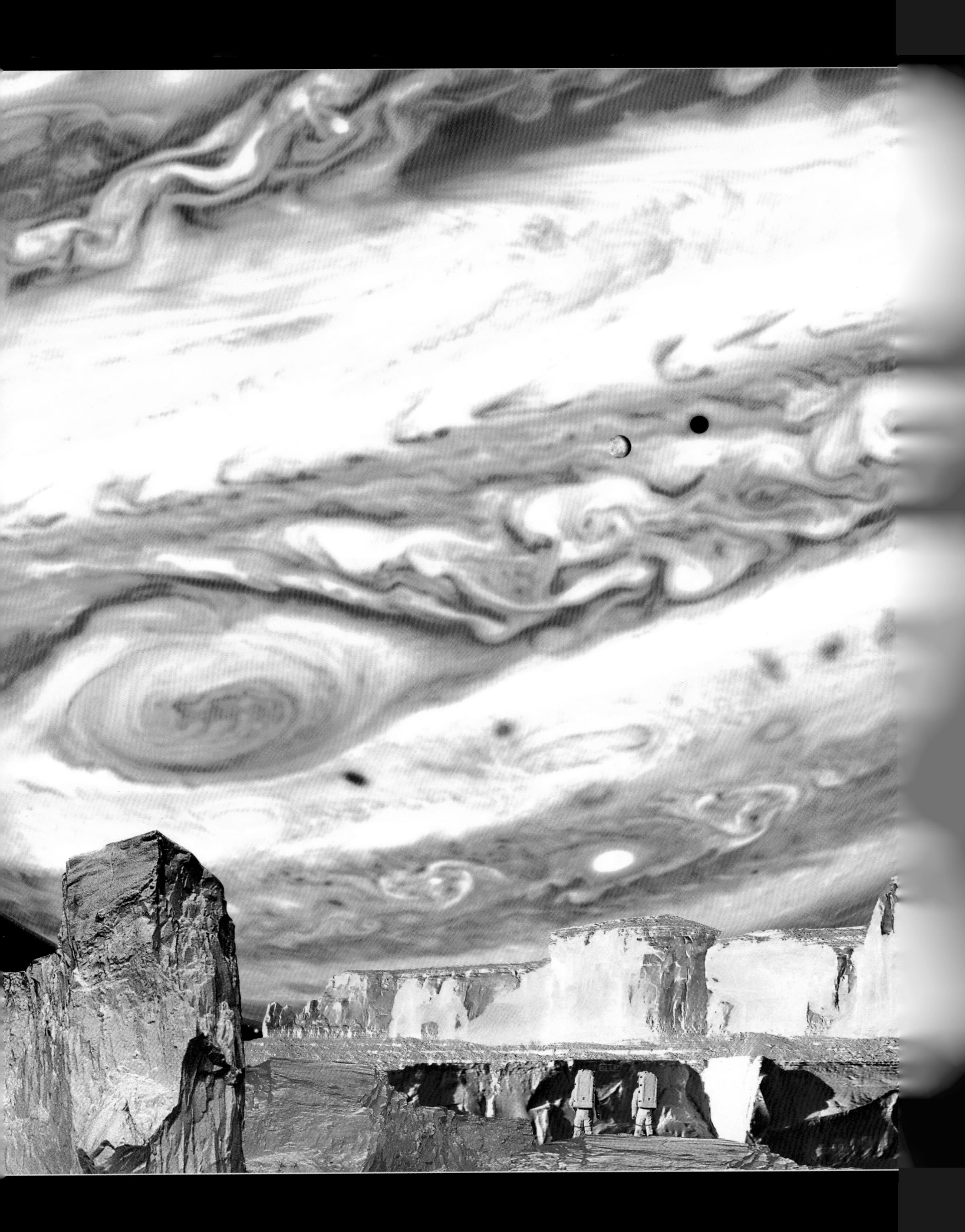

木星上的一天非常短。它自转很快，约每9.9小时就能完成一周。这使它无法保持完美的球形，就像一个飞快旋转的水球，迫使赤道部位像纺锤中部一样隆起。

木星的大气中约90%是氢气，近10%是氦气，因此人类无法在这种环境中生存。自46亿年前形成以来，它几乎没什么变化。

通过一个小型望远镜观察木星，我们很容易发现它的两个主要特征——彩色的带状云

木星的快速旋转和固态金属核相结合，产生了太阳系行星中最强的磁场。磁场又产生了壮观的极光现象，照亮了木星的北极和南极（上图）。

大红斑（下图）至少有350年或更长的历史。图中这样的旋转飓风在气态巨行星中很常见，并且有多种颜色。当旅行飞船飞向大红斑时，我们能够看到木卫一（前景）和木卫四（背景）。

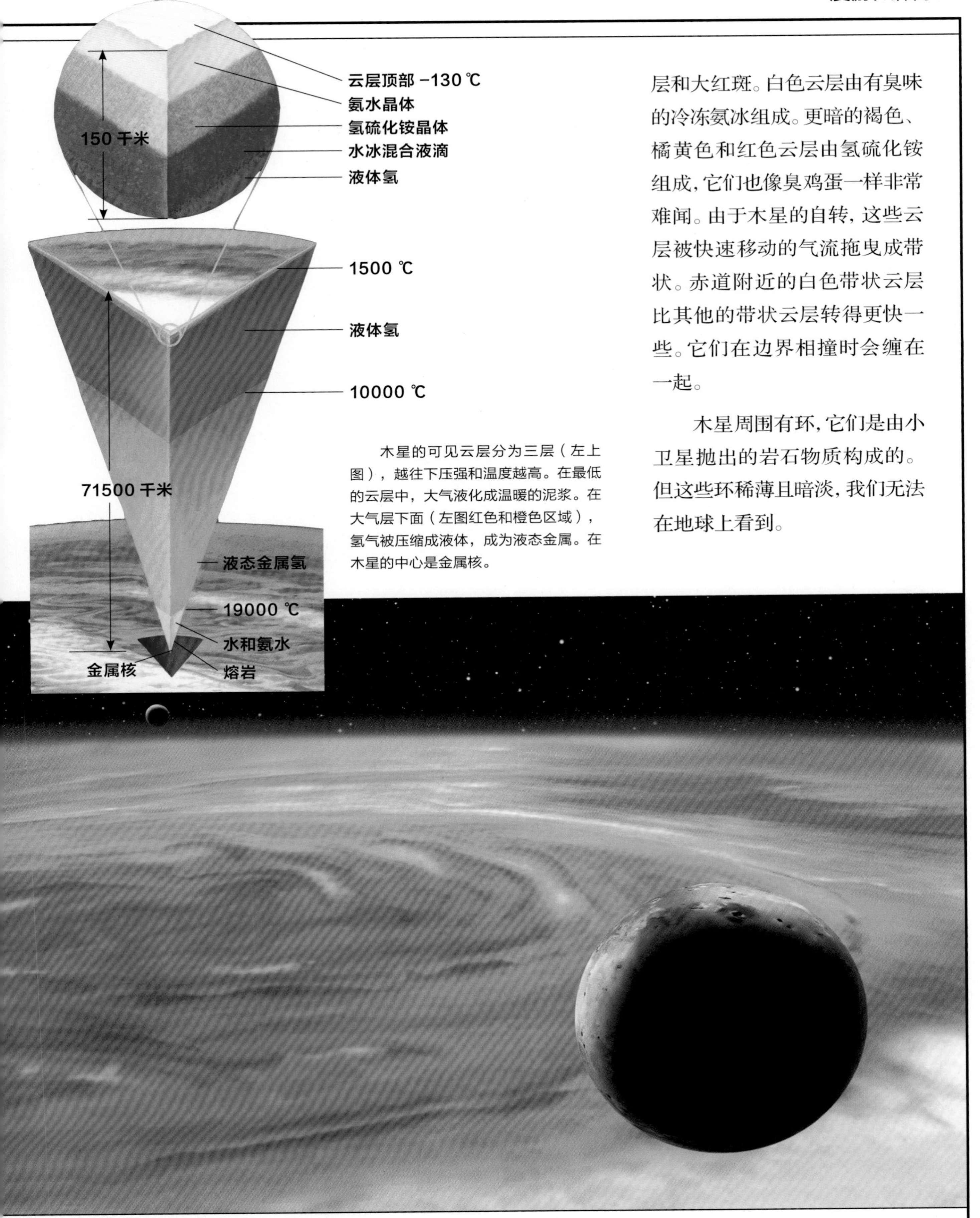

木星的可见云层分为三层（左上图），越往下压强和温度越高。在最低的云层中，大气液化成温暖的泥浆。在大气层下面（左图红色和橙色区域），氢气被压缩成液体，成为液态金属。在木星的中心是金属核。

层和大红斑。白色云层由有臭味的冷冻氨冰组成。更暗的褐色、橘黄色和红色云层由氢硫化铵组成，它们也像臭鸡蛋一样非常难闻。由于木星的自转，这些云层被快速移动的气流拖曳成带状。赤道附近的白色带状云层比其他的带状云层转得更快一些。它们在边界相撞时会缠在一起。

木星周围有环，它们是由小卫星抛出的岩石物质构成的。但这些环稀薄且暗淡，我们无法在地球上看到。

木星至少有66颗卫星，其中4颗最大的卫星用双筒望远镜就可以看到。我们将它们称为“伽利略卫星”，因为它们是伽利略在1610年发现的。

第一颗伽利略卫星艾奥（木卫一）离木星最近，大小几乎与月球相等，拥有太阳系内最为活跃的地质结构。木星的引力将艾奥扭曲得像太妃糖一般，使它内部释放出巨大的热量，导致火山不断地在它的表面喷发。

卡里斯托（木卫四）的表面地形多变，有许多陨石撞击所形成的坑。在它冰封的表面下可能有海洋的存在。如果卡里斯托上的海洋是液态的，那么它就是太阳系内最有可能存在生命的地方之一，但科学家怀疑上面的海洋早已经冻成固态了。

伽利略卫星的运行轨迹

1610 年，中世纪的天文学家伽利略发现了木星的四颗卫星——艾奥（Io）、欧罗巴（Europa）、盖尼米德（Ganymede）和卡里斯托（Callisto）。为了感谢他的资助者柯西莫二世·美第奇，也就是当时的托斯卡纳大公，伽利略将这四颗卫星统称为“美第奇卫星”。他希望将这份荣耀献给资助者，以获得更多的资金来支持未来的研究。

最初，伽利略将每一颗卫星的名字用数字替代，但随着发现的卫星越来越多，使用数字命名的方法变得很不方便。在 19 世纪中期，四颗卫星最终被人们用古希腊众神之王宙斯的四位恋人的名字命名。

我们用双筒望远镜很容易看到这四颗伽利略卫星，因为它们在木星的两侧跟木星连成一条直线。艾奥离木星最近，其次是欧罗巴，第三近的是盖尼米德，它是整个太阳系中最大的卫星。在四颗伽利略卫星中，卡里斯托离木星最远，也是太阳系中撞击坑最密集的卫星。

如果有一个双筒望远镜或小型望远镜，你可以在晴朗的夜空试着找一找伽利略卫星。

大小对比

艾奥（木卫一）的表面看起来像一个比萨饼（上图）。它多样的颜色源自活火山不断喷出的硫黄和熔岩，如右图所示。

卡里斯托的表面布满密集的撞击坑（上图），在很久以前，或许 40 亿年前它就是这个样子了。与欧罗巴（木卫二）不同，卡里斯托看上去就像一个冰冻的固体，科学家还无法确定在它厚厚的冰层下是否存在液态海洋。

盖尼米德（左图和下图）比月球、冥王星、阋神星、水星和谷神星都大。

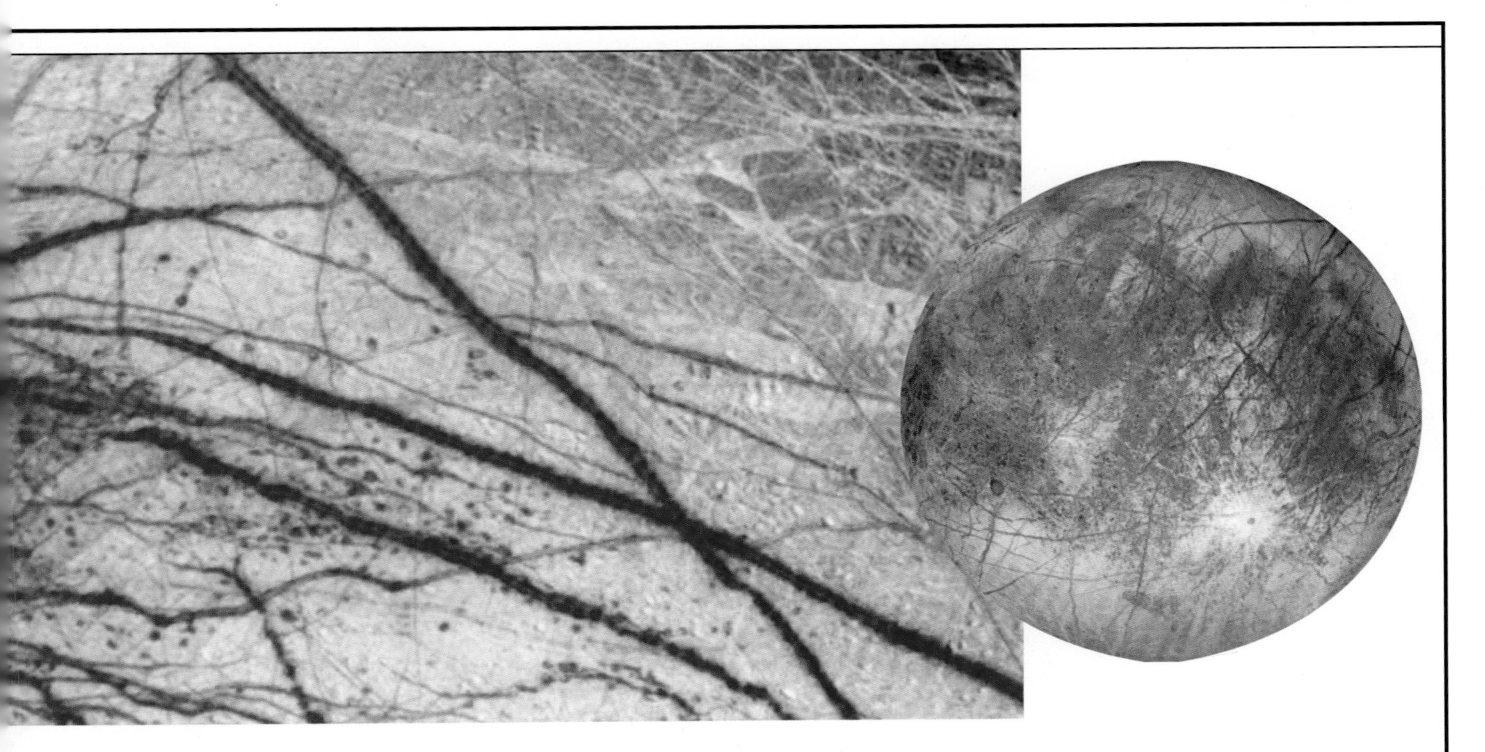

欧罗巴的外表（左图和上图）具有迷惑性。它的冰封表面使它看上去像个有巨大裂缝的马赛克，然而实际情况远比用肉眼观察的要复杂许多。在它的冰盖下是可能深达 100 千米的海洋。

伽利略卫星中的盖尼米德（木卫三）是太阳系内最大的卫星。如果它绕着太阳运转，将可能被认为是太阳系中的一颗行星。

盖尼米德表面较暗的区域是原始的冰冻区，被陨星和灰尘覆盖。它看上去像一个冻结的固体，但在冰盖下是否有液态的海洋存在，科学家目前对此还无法确定。

欧罗巴（木卫二）比艾奥（木卫一）体形稍小一些。它有一层冰封的表面，冰层之下是海洋。水对地球上生命的形成非常重要，而欧罗巴上的水可能比地球上的水还要多。这意味着欧罗巴是在太阳系内搜寻生命存在的理想地点。但要钻透厚达26千米的冰盖无疑将是一个严峻的挑战。

人们想象未来的宇航员在欧罗巴上用钻头钻穿厚达 26 千米的冰盖（左图）。这其中最大的挑战是在冰盖钻出洞后，防止下面流动的水瞬间结冰，只有这样，机器人才能把探测针伸进洞中，探索神秘漆黑的水下世界。

当伽利略发现木星的卫星时，大部分人还认为地球是太阳系的中心，所有的天体都绕着地球运转。木星的四颗卫星第一次提供了显豁的证据，表明在外太空有些天体并不绕着地球运转。

土星

当人们第一次用望远镜看到土星时，通常会有惊艳之感。随着我们的飞船逐渐接近第七大行星，我们能够更近距离地观察它美丽的容颜。太阳系内的其他行星都无法与土星壮美的景色相媲美。

1610年，伽利略通过简陋的望远镜观察土星时，那架望远镜还无法将土星环和其他部分区分开，因此他认为自己发现了一颗“三体”行星。

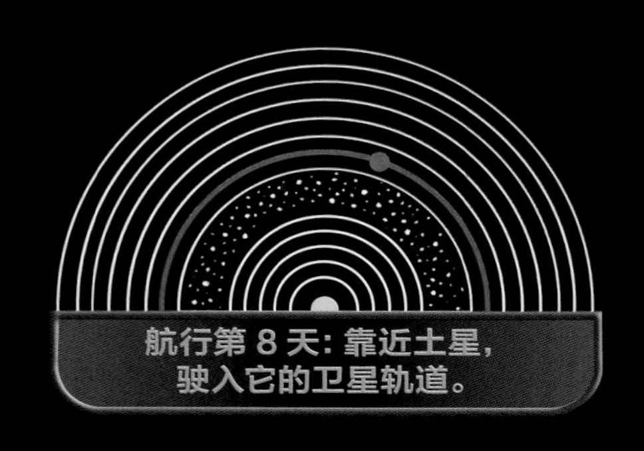

今天，我们已知4颗气态巨行星周围都有环，但只有土星的环是我们能在地球上用望远镜看到的。土星的周围包裹着冰和尘埃组成的晕轮，看起来很像早期太阳系形成的样子。它所有环的直径加起来有282000千米，相当于地球与月球之间距离的四分之三左右。以喷气式飞机的速度穿越土星环要花上10个昼夜。更令人震惊的是，有些环某些地方的厚度要超过3千米。

土星的信息档案表	
距离太阳的平均距离	1426666422 千米
距太阳排列顺序	第七位
赤道直径	116460 千米
质量（设地球质量 =1）	95
密度（水的密度 =1）	0.69
自转周期	10 小时 14 分
公转周期	30 年
表面平均温度	−178 ℃
卫星数量	至少 62 个

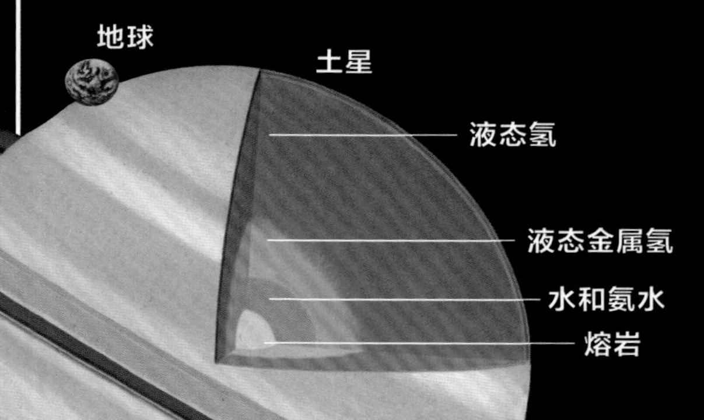

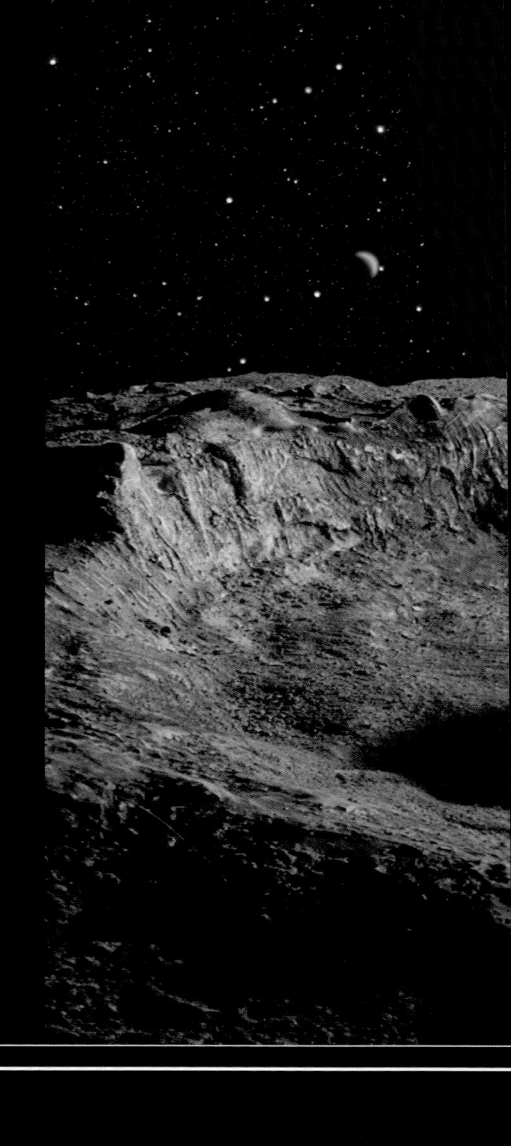

如果你站在土卫一巨大的赫歇尔撞击坑上遥望（右图），土星占满了整个天空。从这个角度我们很容易看出土星环有多薄。

和木星一样，土星上也没有可以立足的地表。土星的大气主要是液态的氢和氦，被狂风吹成浅色的彩带。偶尔会有巨大的白色椭圆形风暴出现，像木星表面的大红斑。

土星的自转速度很快，每10小时14分钟左右就转一周，但它要花约30年才绕太阳运转一周。它的磁场比地球磁场大约强600倍，因而产生了时刻变化的极光，如烟花一般灿烂。

土星环反射了70%的阳光，有时甚至比土星本身还亮。我们根据土星环发现时间的先后，以字母顺序对它们进行命名。目前它们的名字已经从A排到了G。这些环可能源自5000万年至1亿年前一颗瓦解了的小天体，这颗小天体可能是一颗冰卫星，或者是一颗被俘获的小行星。天文学家认为当时这颗天体的直径可能有

380千米。它的碎片还通过引力相互吸引着，就像还想复原一样。

土星环由数以千计的密集分布的小环组成。小环之间存在间隙，最大的卡西尼间隙大约有4700千米宽，我们在地球上用望远镜就能看到。这些环随时都在变化，当它们每隔15年侧向地球时就会从我们的视野中消失，它们在2009年就“消失”过。当环“消失”的时候，早期的天文学家曾经怀疑过自己的论证，但几年后它们再次出现了。土星环下一次消失的时间是2023年。

这幅不寻常的土星照片是由“卡西尼”号飞船在飞越土星背面时拍摄的。由于这个角度的太阳光被挡住了，所以我们可以看到以前从未见过的奇观——E 环，就是照片中最外围暗淡的环。我们在地球上无法用望远镜看到它。

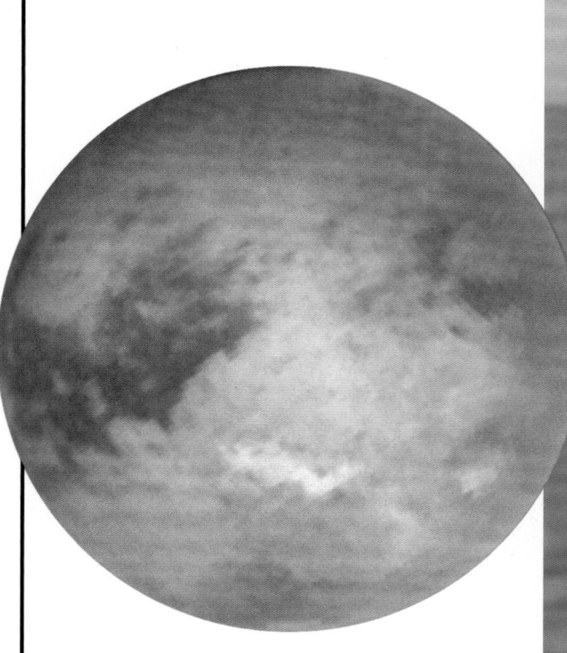

泰坦是土星最大、最神秘的卫星，大小是地球的一半。“惠更斯”号飞船拍摄的照片显示，泰坦上笼罩着浓厚的橙色雾霭。

和木星相似，土星有至少62颗迷人的卫星。准确的数目我们现在还不确定，但绝大部分卫星很小，形状也不规则。不过，其中7颗大卫星在自身引力的作用下已经成为球形。

泰坦（土卫六）是太阳系内仅次于盖尼米德（木卫三）的第二大卫星，它的直径超过水星和任何一颗已知的矮行星，也是太阳系中唯一富有大气的卫星。在浓厚的橙色云层下，泰坦是一个充满神秘色彩的原始世界。由于泰坦的大气密度很高而引力很弱，人们只要在手臂上绑上翅膀，就能像蝴蝶一样在大气中飞翔。泰坦的表面有暗淡的、由液态甲烷构成的湖泊，排水沟勾勒出湖岸线。科学家认为早期地球的大气和今天泰坦的大气十分相像。如果确实如此，泰坦将和地球、火星、欧罗巴、卡里斯托一起成为可能拥有生命的天体。土卫一的直径大约有385千米，主要由冻冰和一些岩石构成。土卫一上有一个直径达130千米的陨星坑，宛如一只黑色的眼睛，注视着太阳系。1789年，威廉·赫歇尔爵士发现了土卫一，为了纪念他，这个陨星坑被命名为赫歇尔。

土卫一上巨大的陨星坑源自一块巨型太空碎片的撞击。那次撞击几乎毁灭了这个星球。（上图）

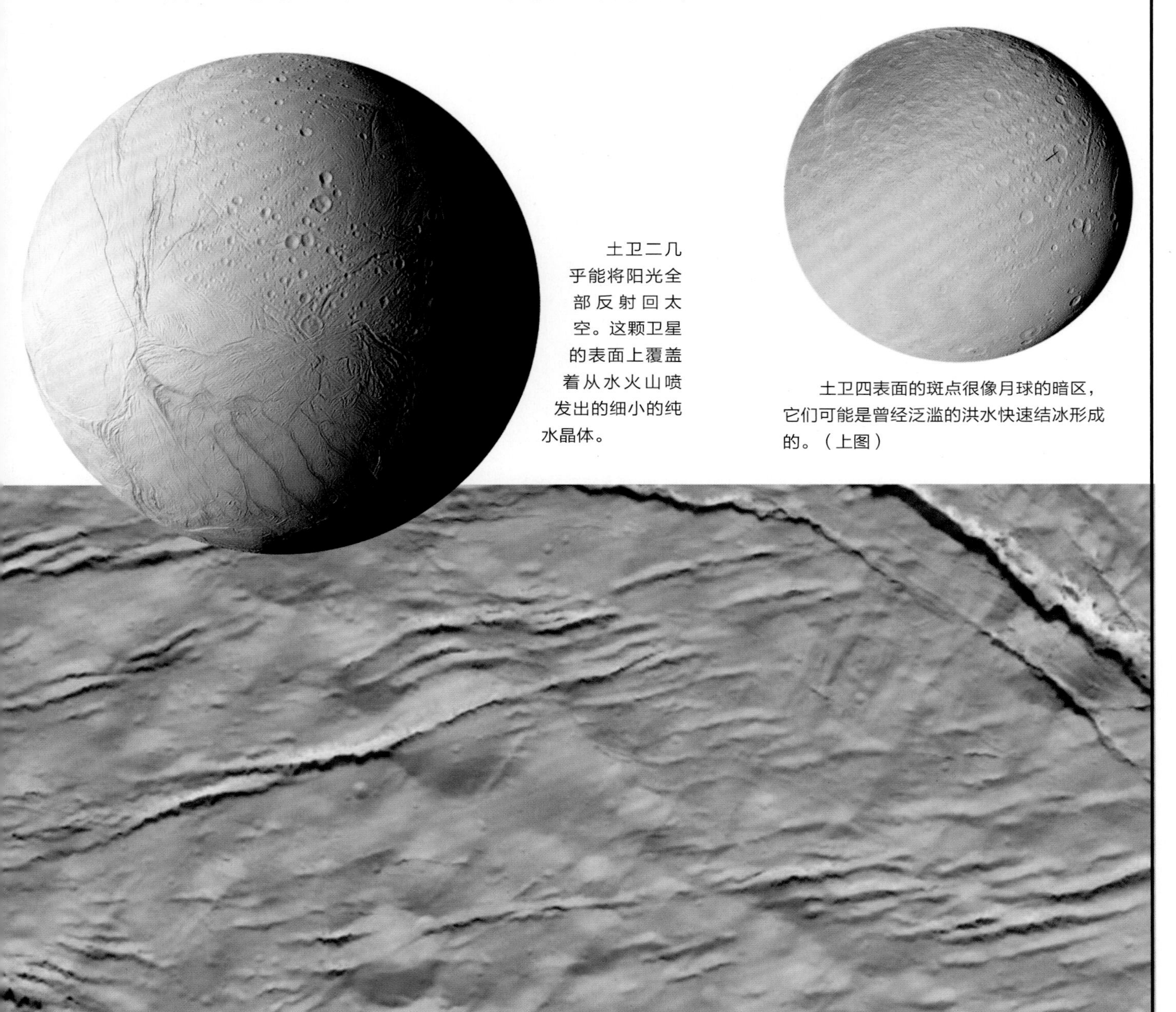

土卫二几乎能将阳光全部反射回太空。这颗卫星的表面上覆盖着从水火山喷发出的细小的纯水晶体。

土卫四表面的斑点很像月球的暗区，它们可能是曾经泛滥的洪水快速结冰形成的。（上图）

天王星

当我们驶近天王星时，看到它就像一颗镶嵌在太阳系外围的绿宝石一样熠熠生辉。

和海王星一样，天王星也是一颗冰冻的巨行星，没有固态的表面。天王星之所以呈现出蓝绿色，是因为寒冷的大气吸收了太阳光中的红光，甲烷气体把蓝色和绿色波段的辐射反射到太空中。

与其他行星不同的是，天王星的自转轴与公转轴有约98度的夹角。这是由于很久以前天王星受到过某个巨物的撞击，导致自转轴几乎与轨道面平行。目前天王星的北极正对着太阳，南极背对着太阳，这导致这个行星的一侧受到持续42年的阳光照射，接着便是42年的黑夜。

航行第 11 天：靠近天王星，在米兰达（天卫五）登陆。

由于天王星歪着身子，它那13个薄而纤细的环围绕它的方式与土星环围绕土星的方式有所不同。

在所有的行星中，天王星最具有文学渊源。它已知的27颗卫星绝大部分以英国著名剧作家威廉·莎士比亚作品中的人物来命名。其中两颗最大的卫星奥柏龙（天卫四）和泰坦利亚（天卫三）就是以《仲夏夜之梦》中国王和王后的名字命名的。

天王星的信息档案表	
距离太阳的平均距离	2870658186 千米
距太阳排列顺序	第八位
赤道直径	50724 千米
质量（设地球质量 =1）	15
密度（水的密度 =1）	1.27
自转周期	17.9 小时
公转周期	84 年
表面平均温度	−216 ℃
卫星数量	27 个

未来，宇航员登上天王星的卫星米兰达（天卫五），就会很清楚地看到天王星歪着身子转动的情景。米兰达的表面覆盖着一层冰，人在上面走很容易滑倒。科学家认为它们可能是从水火山喷发出来冻结而成的。

海王星

我们正在接近的浅蓝色的冰封世界就是海王星。海王星上的天气在太阳系中是最为狂暴的，风速可以高达每小时2000千米。

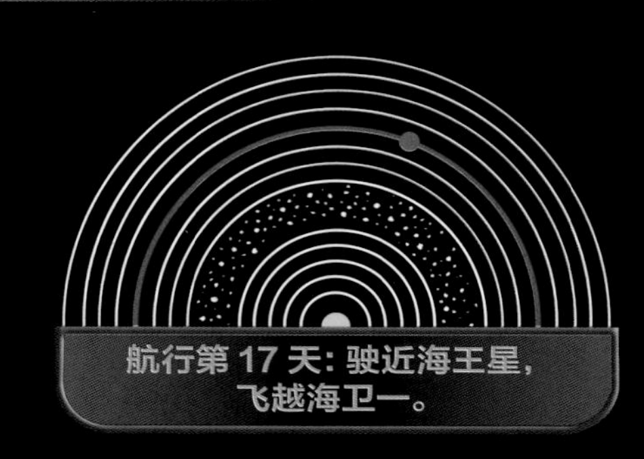

与其他类木行星一样，海王星也没有可以让人行走的表面。尽管包裹着它的云层很冷，低达-214 ℃，但它的岩石铁核温度很高，与太阳表面的温度相当。这些内部的热量引发了海王星的飓风。海王星的表面有类似木星大红斑的暗区或风暴，其中最大的被称为“大暗斑”，虽然现在看不到了，但它比地球还大。天文学家把其中一个较浅色的区域称为“滑板车”，因为这个快速移动的小风暴似乎在追逐着周围的其他风暴。海王星周围环绕着六道环。

1846年，海王星是通过数学计算而不是观测被发现的。天文学家意识到有一个大家伙在影响着天王星的轨道，他们经过计算发现这个大家伙就是海王星，尽管它处于16亿千米之外的空间中。

自从170多年前海王星被人类发现以来，它在2011年刚完成绕太阳一周！

海王星的信息档案表	
距离太阳的平均距离	4498396441 千米
距太阳排列顺序	第九位
赤道直径	49528 千米
质量（设地球质量 =1）	17
密度（水的密度 =1）	1.64
自转周期	16 小时
公转周期	164.8 年
表面平均温度	-214 ℃
卫星数量	13 个

海王星

地球

熔岩

水和氨

氢和氦

海王星的蓝色甲烷云照亮了它的大卫星特里同冰冻的表面（右图）。在这里，宇航员要非常小心它崎岖的表面、火山口和由水火山喷发产生的巨大冰冻湖。

柯伊伯带

在遥远的地方，有一个叫“柯伊伯带”的区域，它是由银河碎片和行星残骸聚集形成的。它从海王星轨道一直延伸到矮行星冥王星轨道以外上亿千米。

天文学家认为，在太阳系形成过程中，当气态巨行星成形后，木星和土星的相互引力可能将这些残骸远远地抛到深空中。

如今，除谷神星之外的所有矮行星都是在柯伊伯带找到的，哈雷彗星和其他每200年或更长时间绕太阳做有规律的轨道运动的“短周期”彗星也来自柯伊伯带。

我们已经发现超过1300个柯伊伯带天体，但在柯伊伯带中，这样的天体可能超过10万个，而且每一个都有可能成为划过地球夜空的新彗星。

在柯伊伯带里，小行星会碰撞在一起，有时会将彼此推挤到靠近太阳的新轨道中去。在右图中可以看到远处的小行星蒸发并生成巨大的尾部，成为壮观的彗星。周期性回归的彗星，如哈雷彗星，就是在柯伊伯带里产生的。

冥王星

太阳系第九大行星的位置76年来一直被冥王星占据着。但在2006年一切都变了，就像一个体育明星被降级到替补席上一样，冥王星被重新归类为矮行星。

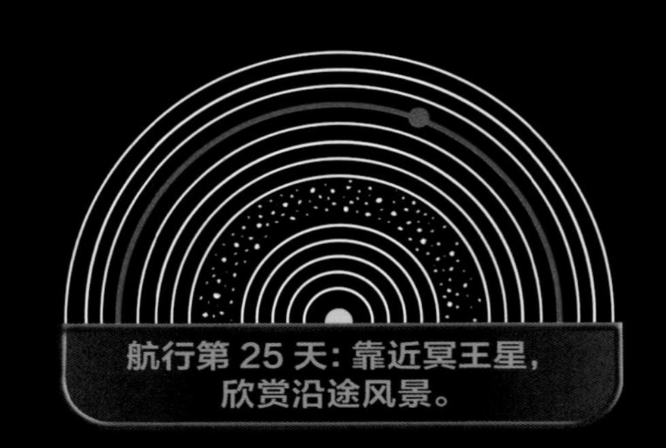

天文学家起初认为冥王星可能与地球差不多大。由于离得太远，它的真实大小很难估计。无论用什么望远镜，我们也看不清它任何的细节，它看上去只是一个光斑。哈勃空间望远镜最多只能拍摄到一个有明暗斑点的小球体。随着天文学的发展，我们现在知道冥王星比月亮还小。

冥王星的信息档案表	
距离太阳的平均距离	5906440628 千米
距太阳排列顺序	第十位
赤道直径	2400 千米
质量（设地球质量 =1）	0.002
密度（水的密度 =1）	2.05
自转周期	6.39 天
公转周期	248 年
表面平均温度	−220 ℃
卫星数量	5 个

冥王星位于柯伊伯带内，许多定期访问地球大气层的彗星就出自柯伊伯带。冥王星主要由岩石和冰组成，在成分上很像彗星。如果把这个矮行星放在太阳附近，它也会像彗星一样拖出一条尾巴。

冥王星有一个被称为“卡戎”（冥卫一）的大卫星。由于它们的体积相当，许多天文学家认为冥王星和卡戎构成了矮行星双星。

地球

冥王星

冥王星和大卫星冥卫一的后面是延展的银河（右图）。在星空深处，我们可以看到冥王星的两颗小卫星尼克斯和汗德拉的轮廓。我们目前一共发现冥王星有五颗卫星。

制造麻烦的冥王星

冥王星的故事开始于海王星的发现。早先天文学家发现天王星的轨道有些异常，于是推算可能有另外一颗行星在拉扯着它。经过多年的搜索，天文学家终于在1846年发现了海王星。

之后，天文学家观察海王星时发现它的轨道也受到某个天体的扰动。在它的轨道外面是不是也有一个未曾发现的行星呢？1905年，珀西瓦尔·洛威尔在位于亚利桑那州费拉格斯塔夫的天文台上开始搜寻这颗被称为“X”的行星。

现在我们知道冥王星的质量太小，不足以影响海王星的轨道，但洛威尔还是用他的后半生搜寻着这颗未知的行星，却始终未能发现它。最后，洛威尔天文台一位名叫克莱德·汤博的夜间观测助手成功发现了它。

22岁的克莱德（右图）自己制作了一个反射望远镜，并把他画的火星和木星图片发给洛威尔天文台。那里的天文学家分配给他一个任务，让他每隔一周对同一区域拍摄照片。如果某个天体在照片上的位置发生了变化，那它可能就是X行星。1930年2月18日，一颗未知的天体出现在克莱德的一张底片上。所有人都被惊呆了，这个天体后来成了太阳系的第九大行星。

洛威尔天文台拥有命名这个天体的权利。在天文台公开征集它的名字的过程中，一个11岁的英国女孩提名它为冥王星（Pluto）。此后不久，迪士尼制片厂为了向这颗新发现的行星表示敬意，将《米老鼠》中的狗命名为普鲁托，与冥王星的英文同名。冥王星的天文符号PL既代表它英文名字的前两个字母，也是珀西瓦尔·洛威尔姓名的两个首字母，以表达对他的敬意。

谁知2006年一切都变了。当天文学家在柯伊伯带中发现了三个类似冥王星大小的新天体后，他们开始思索在那里还有多少这样的天体。国际天文学联合会在一次会议上讨论是否将其他的矮行星升级为行星，或是将冥王星降级。天文学家持续争论了好几天，最终将冥王星从行星中除名了。

但冥王星的降级引发了更多的问题。根据新的定义，行星必须是圆的，同时绕太阳做轨道运动，并有能力清除它轨道上的小天体。冥王星确实没有清空它的轨道，但地球、火星、木星和海王星也没有。也就是说，根据这个定义，它们也不能算是行星。

时至今日，关于冥王星的辩论仍未停止。

冥王星和卡戎运行在非常遥远的太阳系边界上，它们绕太阳运行的轨道也很特别，轨道形状是椭圆形的，而不是圆形的。从冥王星上看去，太阳只不过是天空中一颗明亮的星体而已。除了卡戎外，冥王星还有四颗较小的卫星，其中两颗名为尼克斯和汗德拉，其余两颗

尚未正式命名。

2015年7月14日，美国国家航空航天局“新地平线”号飞船飞越了冥王星，它第一次向我们近距离展示了这个小世界。“新地平线”号飞船的旅行可不轻松，它花了9年时间才到达这颗矮行星。

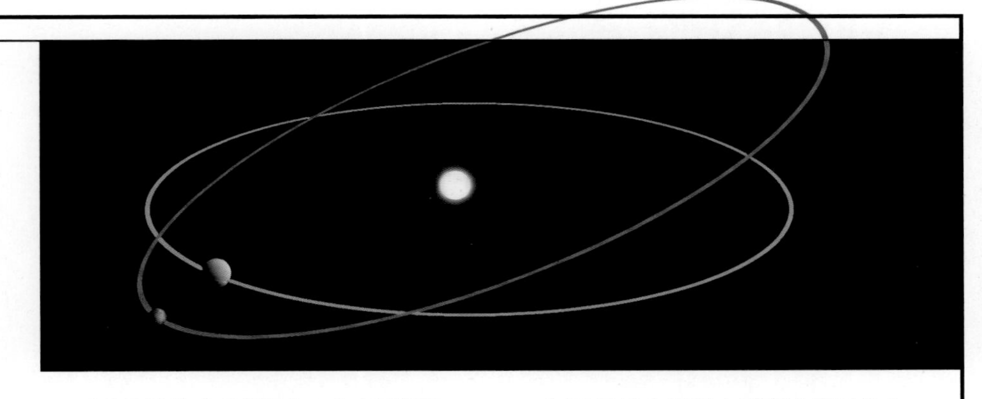

太阳系的许多行星都在一个扁平的面上，并且以圆形轨道绕太阳运转，但冥王星的轨道与这个平面有17°左右的夹角，并且轨道呈椭圆形。

冥王星是太阳系内最寒冷的天体之一。当它离太阳最远时，它的大气都凝结了，像是地面上薄薄的冰霜。

妊神星

离开冥王星之后，我们继续向柯伊伯带的更深处飞行，去寻找另外两颗矮行星。没过多久，我们就发现了太阳系中最为奇特的成员之一，那就是妊神星。

航行第 34 天：靠近妊神星，在它两颗小小的卫星中的一颗上登陆。

妊神星的形状像土豆，它不停地翻滚着，还有两颗小小的卫星环绕着它。妊神星的岩质表面上覆盖着薄冰。这颗矮行星的长轴与冥王星的直径相当，它的旋转速度非常快，每4小时自转一周，但它环绕太阳公转一周却需要285个地球年。

妊神星是太阳系所有大型天体中自转速度最快的天体之一。天文学家认为在妊神星形成的早期曾遭遇过一次碰撞，这次碰撞让它开始旋转起来，而不停的旋转逐渐将它拉成了椭圆形。这次撞击可能还撞落了大块的岩石，从而形成了妊神星的两颗卫星：妊卫一“希亚卡”和妊卫二“纳玛卡”。天文学家迈克·布朗是妊神星的发现者之一，他给它起了个昵称——“圣诞老人”，因为他是在2004年圣诞节刚刚过去的时候发现它的。妊神星的英文名字叫Haumea，来自夏威夷的繁殖和生育女神哈乌美亚，两颗卫星的名字则来自哈乌美亚的两个女儿：希亚卡和纳玛卡。

妊神星的信息档案表	
距离太阳的平均距离	6582306310 千米
距太阳排列顺序	第十一位
赤道直径	1300 千米
质量（设地球质量 =1）	0.00066
密度（水的密度 =1）	3
自转周期	4 小时
公转周期	285 年
表面平均温度	−233 ℃
卫星数量	2 个

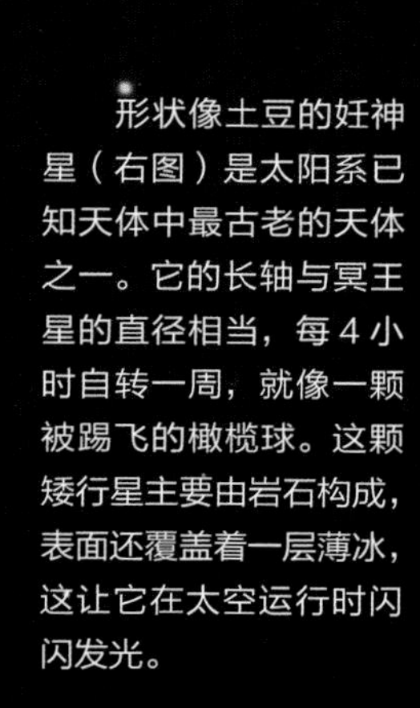

形状像土豆的妊神星（右图）是太阳系已知天体中最古老的天体之一。它的长轴与冥王星的直径相当，每 4 小时自转一周，就像一颗被踢飞的橄榄球。这颗矮行星主要由岩石构成，表面还覆盖着一层薄冰，这让它在太空运行时闪闪发光。

鸟神星

我们在太阳系冰冷的边缘继续向前旅行，将遇到下一颗矮行星——鸟神星。它在我们前方出现，发出明亮而令人惊奇的红光。与妊神星不同，鸟神星呈现正常的球形，只不过两极略微扁平。它的体积比冥王星稍小一些，由于鸟神星没有卫星，天文学家无法借此估算它的质量，所以我们还不确定它到底有多重。鸟神星环绕太阳一周需要310年。

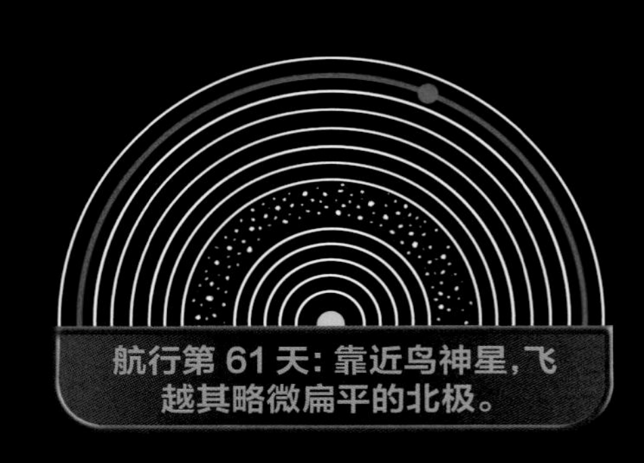

鸟神星的表面覆盖着厚厚的“冰”——不是水结的冰，而是乙烷、甲烷和氮气结成的冰。假如声音可以在它空气稀薄的表面传导的话，你可能会听到冰晶在你脚下发出“嘎吱嘎吱”的声音。来自太阳的辐射让这些冰呈现出一种红棕色。鸟神星上极度寒冷，那里的温度大约只有–240 ℃。

鸟神星最初的绰号叫作“复活兔”，因为它是在2005年复活节过后被发现的。它正式的英文名字叫作Makemake，是以复活节岛上生殖之神玛科玛科的名字命名的，玛科玛科是拉帕努伊人神话中的神灵之首。

鸟神星的信息档案表	
距离太阳的平均距离	6881502052 千米
距太阳排列顺序	第十二位
赤道直径	1430 千米
质量（设地球质量 =1）	0.0005
密度（水的密度 =1）	1.7
自转周期	22.5 小时
公转周期	310 年
表面平均温度	–240 ℃
卫星数量	0 个

鸟神星这颗矮行星呈现出一种奇怪的红色，它反射回来的微弱太阳光，刚好可以用地球上的大型望远镜看到。右边是昴宿星团，这个令人惊叹的疏散星团如蓝宝石一样闪耀着光芒。

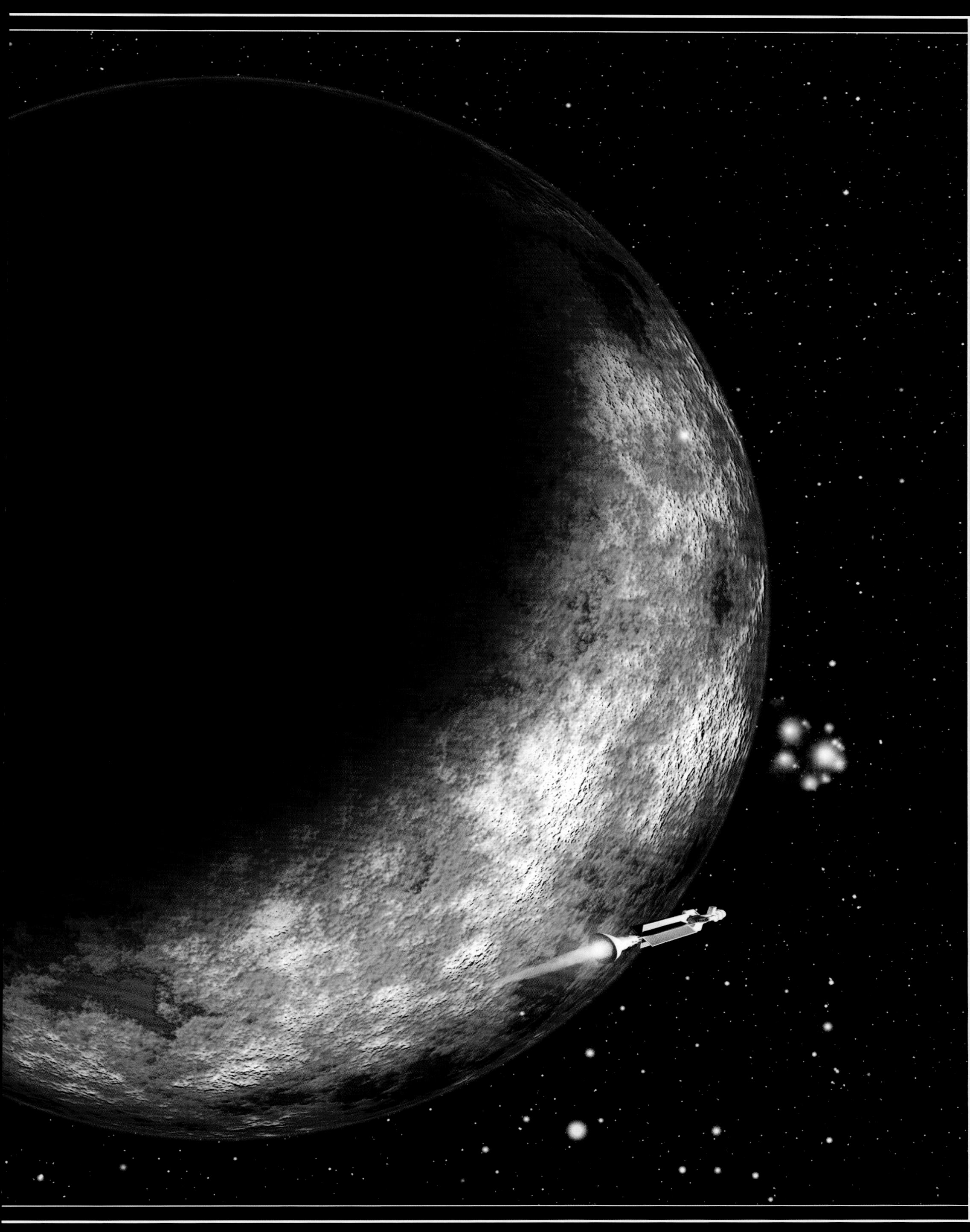

阋神星

太阳系中已知最冷、最遥远的天体正若隐若现地呈现在我们的面前。阋神星是在2005年才被发现的。它的轨道穿过柯伊伯带，延展到距离太阳140亿千米之外的地方。阋神星绕太阳运转一周需要大约560年！它的体积与冥王星差不多，有一颗被称为“迪丝诺美亚”的卫星。

阋神星的发现者是天文学家麦克·布朗，他惊讶于竟然能在太阳系如此遥远的地方发现它。但当它被当作一颗新行星时，有些天文学家就不愿意了。当时冥王星被划归为行星，如果把谷神星和阋神星也纳入行星的行列中，那么太阳系中的行星不仅会不断增加，而且无法一一命名。于是在2006年的国际天文学联合会大会上，科学家采用了一种新的分类：矮行星。冥王星就是其中之一。

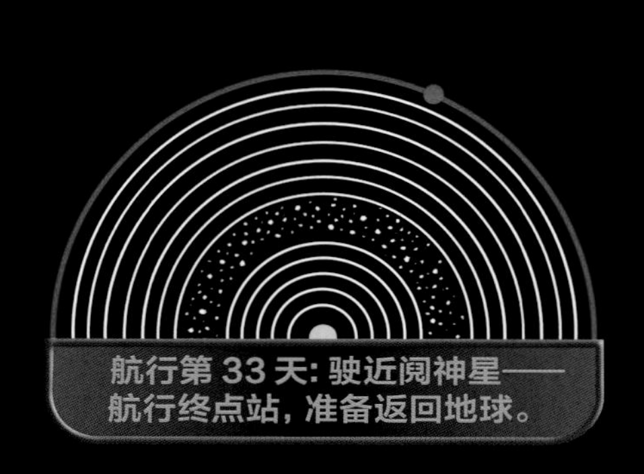

冥王星、谷神星、妊神星、鸟神星和阋神星不同于其他八大行星。它们比木星的某些卫星还小，是岩石和冰的混合体，轨道也有别于其他行星。

目前太阳系中除了已经发现的行星外，可能还有更多尚未发现的行星。

阋神星的信息档案表	
距离太阳的平均距离	10180122852 千米
距太阳排列顺序	第十三位
赤道直径	2700 千米
质量（设地球质量 =1）	0.0028
密度（水的密度 =1）	2.1
自转周期	26 小时
公转周期	561 年
表面平均温度	−243 ℃
卫星数量	1 个

矮行星阋神星和它的卫星迪丝诺美亚（右图）是我们探索太阳系发现的最远的星球。这个遥远的星球是新发现的矮行星之中体积最大的，也是离太阳最远的。

奥尔特云

天文学家认为，如果航行到太阳系的边缘，就会遇到一团巨大的“云”，这就是奥尔特云。这团“云”是将近46亿年前形成太阳系的原始星云的残留物，不在太阳引力的控制范围内。

荷兰的天文学家扬·奥尔特在1950年开始探究彗星的起源。他认为在冥王星的轨道外，或距太阳一到两光年的地方有一个巨大的“仓库”。尽管没有人真正地观测到奥尔特云，但天文学家相信它就是大部分彗星的大本营。这些“云块”可能在这里一直绕着太阳运转。当一颗恒星掠过时，它的引力可能会推动其中的一颗彗星驶往太阳的新旅程。由于彗星的运动方向朝向四面八方，天文学家认为奥尔特云包裹着整个太阳系。

其他恒星的周围或许也有类似的奥尔特云。这些星云中的冰彗星可能对将来的太空旅行者有帮助。彗星中的冰水能够为飞船提供能源、水源和氧气。

尽管天文仪器还没有探测到奥尔特云（左图），但天文学家认为不仅太阳系，其他恒星系统也可能有奥尔特云。右图展示了围绕着太阳系（图中）、半人马座（图右下角）和其他更遥远的恒星的云团。

彗星

在所有天体中，彗星是最为壮观的。这些不速之客大多数来源于奥尔特云，它们用几百年甚至几百万年绕太阳一周。另一部分彗星起源于柯伊伯带，被称为“短周期彗星”，因为它们的轨道周期小于200年，其中最著名的要数哈雷彗星。

彗星（comet）这个词来源于希腊单词kometes，意思是长着长头发的星星。如今，我们知道这些天体是46亿年前太阳系形成过程中的残留物。彗星由沙、冰和二氧化碳组成，也被人们形象地称为“大脏雪球”。

彗星在向太阳运动的过程中，经过木星时开始解冻。太阳的热量将冰蒸发，在彗核周围形成气体和尘埃构成的晕。当它们接近火星轨道时，彗星开始长出一条壮观的长尾巴，有时长达上亿千米。在太阳风的吹动下，这些彗星的尾巴始终背离太阳。

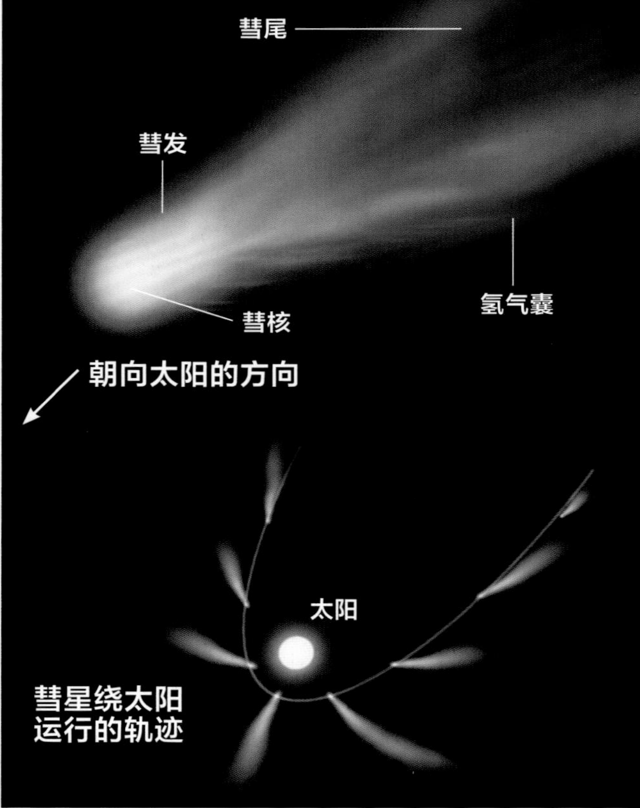

夕阳落下后，一颗在西方低飞的彗星用明亮的尾巴点亮了夜空（右图）。短周期彗星绕太阳公转一周所需的时间小于200年，如哈雷彗星每76年会绕太阳一周。这里拍摄的彗星是一颗长周期彗星，几千年都绕不完太阳一周。

地球

我们的太阳系之旅已接近尾声，现在准备返回我们的家园。我们已经造访了其他行星，现在可以好好地欣赏我们美丽的地球了。

由于地球大气中含有氮且地球表面71%被海洋覆盖，所以从太空中看，地球是深蓝色的。地球以每小时1600千米的速度绕着它的自转轴转动，同时以每小时107300千米的速度绕太阳运转，所以实际上所有生活在地球上的人，都无时无刻不在宇宙中运动着！

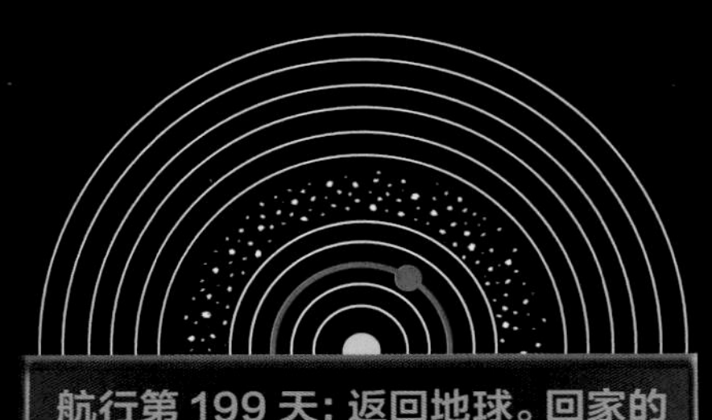

航行第 199 天：返回地球。回家的旅程漫长，并且途中会见到不一样的风景。

地球离太阳的距离适中，使得水可以以液态形式存在，这对地球上大部分的生命来说是至关重要的。地球的大气中富含氧气，白云缭绕。地球具有行星中最多样化的地貌，适合各类植物生长。极区覆盖着厚厚的冰层，沿着赤道是大片的沙漠、草原和茂密的热带丛林。在温带地区，绿色的森林环绕着由火山或板块运动挤压形成的山脉。

地球是迄今为止我们所知唯一有生命的星球。

地球的信息档案表	
离太阳的平均距离	149598262 千米
太阳排列顺序	第三位
道直径	12750 千米
量（设地球质量 =1）	1
度（水的密度 =1）	5.51
转周期	24 小时
转周期	365 天
面温度	−88 ~ 58 ℃
星数量	1 个

从人类的角度来看，地球（右图）宛如太阳系中一颗镶嵌在皇冠上的宝石。当我们回到这个蓝色星球时，地球上一边正是白天，另一边则是黑夜。

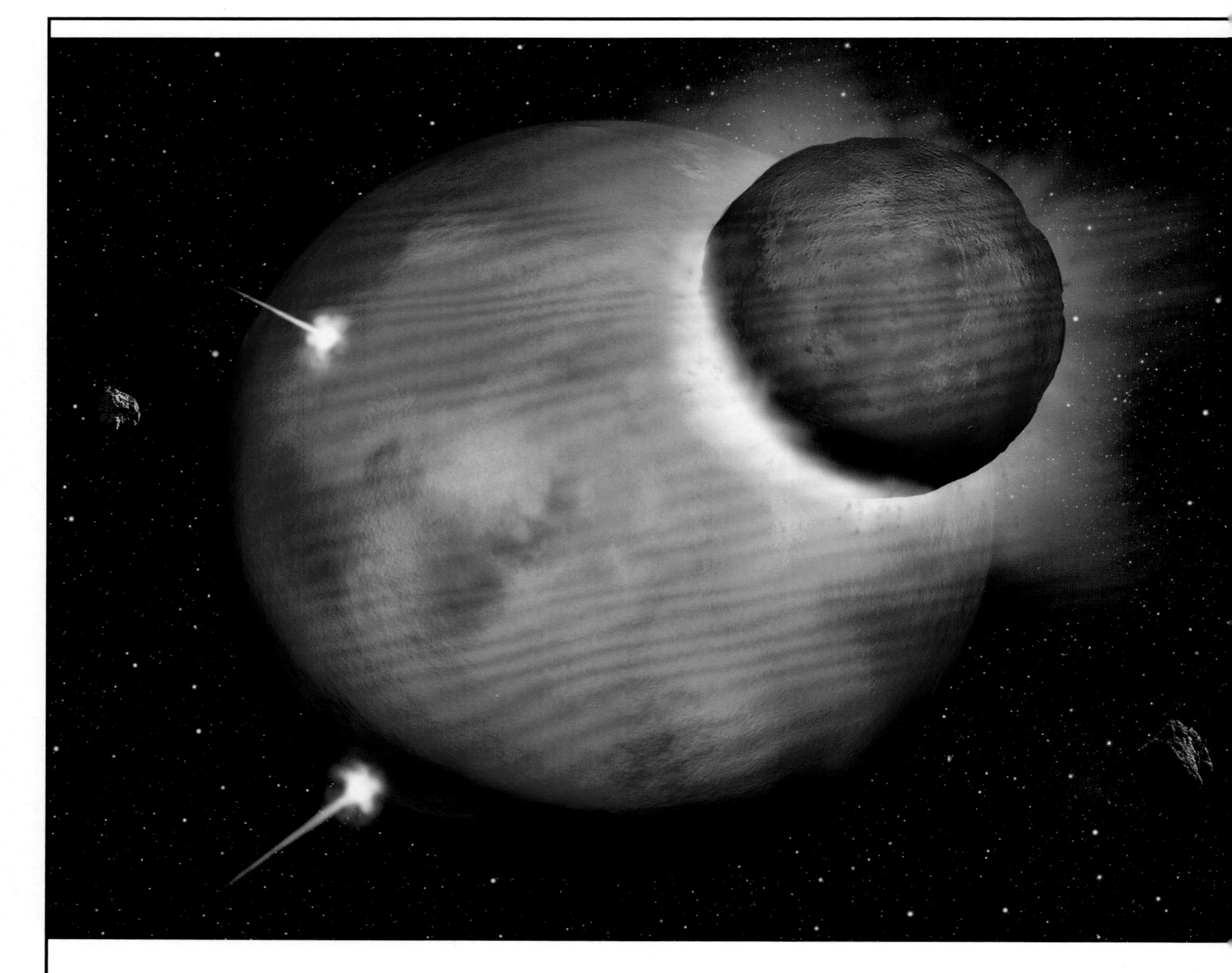

利用计算机模拟和检测月球岩石样本的结果，天文学家推测 45 亿年前地球被一个火星大小的天体撞击（上图），撞碎的物质形成了月球。

当这个天体撞击地球时（上图），被撞掉的物质首先形成一个由熔融岩石组成的环，然后融合在一起，最后聚集成我们今天看到的月球。在太阳系形成的早期，这样的碰撞频繁发生。

地球在46亿年前诞生于一次巨大的恒星爆炸之中，这次爆炸同时也促使太阳和太阳系的形成。当岩石碎片如雨点般落向地球新生成的熔融表面时，一次意外的碰撞改变了一切——一个约火星大小的天体猛烈地撞向地球，使地球的自转轴倾斜了约23.5°。这次碰撞把地球撞掉了一大块。撞掉的物质先变成无数碎片，然后形成一个巨大的、围绕着地球的环。这些依然炽热、熔融的碎片很快又聚集成团，最终形成了月球。

月球的形成使地球的转动趋于稳定，这非常有利于地球上生命的生存。如果地球的自转轴垂直于轨道平面，赤道将会比今天热很多。我们也不会有四季变化，气候条件也会变得异常严酷。

温润的世界

当地球和月球开始慢慢冷却时，地球上也发生了新的变化。火山爆发释放的水蒸气形成了云，云再变成雨，很快又回到地面。雨点般落向地球的彗星也带来了大量的水，慢慢溢满盆地。地球的表面逐渐被平均深达3千米的海洋覆盖。生物学家认为，生命正是起源于这片温暖的海水中。

地球上生命的进化史

大约35亿年前，地球的表面被巨大的红色海洋所覆盖，它的颜色来自碳氢化合物。地球上最早的生命是可以在无氧条件下生存的简单细菌，它们向大气中释放大量的甲烷。

大约30亿年前，在海洋中出现了新迹象。爆发的火山相互连接形成面积更大的大陆。一种新型的生命——蓝绿藻出现了。这是最早能利用太阳能的生命。

大约20亿年前，这些海藻向大气中释放氧气，同时杀死了制造甲烷的细菌。在多色的湖水里，褐绿色的植物漂浮在水面上。人类赖以生存的氧气环境正在悄然形成。

大约5.3亿年前，寒武纪物种大爆发。叫它“大爆发”是因为在这一时期绝大部分的动物种群第一次出现在化石记录中。当时的地球上有沼泽、活火山和充满怪异生命的海洋。

大约4.5亿年前，生命开始从海洋向陆地迁移。约2亿年后恐龙出现了，在1.5亿年左右的时间里，它们主宰着地球。

随着时间的推移，因火山活动挤压而形成的陆地开始从海洋中逐渐隆起。这些陆地开始漂移和相互碰撞，变得越来越大，在大约4.25亿年前形成了一个被称为“罗迪尼亚”的超级大陆。之后这块大陆分裂成几块较小的陆地。大约2.25亿年前，这些陆地再次挤压到一起形成泛大陆。经过1亿多年的漫长变化，泛大陆再次分裂，形成了我们今天看到的几大洲。

“罗迪尼亚”超级大陆
大约 4.25 亿年前

泛大陆
大约 2.25 亿年前

大约 9400 万年前

今天

地球的表面一直在变化。地壳由缓慢移动的板块组成，它们带着海洋和大陆一起移动。

即使在今天，这些大陆仍在漂移。科学家预言2.5亿年后北美洲将和非洲板块相碰，南美洲将包裹非洲的南端。那时太平洋将覆盖半个地球。

我们脚下坚实的大地正在缓慢移动，这个观点让人难以置信。更令人惊讶的是，地球的内部结构对我们来说仍是一个谜。科学家认为地球的结构可以分为4层。岩石地壳覆盖着地球的外表面，我们在上面盖房种树。它在大洋底部的平均厚度为8千米，在大陆下可以厚达72千米。如果地球缩小成苹果那么大，那地壳就和果皮的厚度相当。

地球的大气（上图）主要由氮、氧、少量的二氧化碳和其他气体组成，与水蒸气混合在一起。大气分好几层，所有的天气变化都发生在最低的对流层。

1970年，苏联科学家开始尝试钻探地壳。他们用了19年时间钻洞，才钻到12千米深的地方，然后他们就放弃了。即使没能钻透地壳，他们的发现也仍然令人震惊。首先，地下的温度高到可以烤熟火鸡或者烘焙馅饼！除此之外，在那么深的地方，岩石里还有水分。这些发现让人们觉得不可思议。

在地壳下面是地幔，它由致密的、半固化的岩石组成。当火山爆发时，它沿着缝隙流到地面，成为熔岩。地幔下面是液态的外核。它像马达一样转动，制造出地球周围的磁场，将有危害的太阳辐射拒之门外。地球的中心是一个固态的核，温度高达5000 ℃，与太阳表面差不多热。

地球的大气

目前，地球的大气含有77%的氮和21%的氧，以及微量的二氧化碳、水和氩。地球大气中少量的二氧化碳可以帮助调节地球的温度。如果二氧化碳的含量过少，地球就会变得太冷；如果二氧化碳太多，地球将热得让人无法忍受。

与太阳系中其他地方不同，地球大气中的氧是由生物体供给和补充的。地球上的植物呼出动物所需要的氧，没有植物，动物就无法生存。反过来，动物呼出二氧化碳，供植物进行光合作用。

地球的大气没有确定的边界，越往外变得越稀薄。地球的大气分为好几层。最靠近地面的是对流层，空间延展约13千米。这一层是天气发生变化和大部分飞机飞行的地方。在对流层上面是平流层，范围延伸到距地面50千米的高空。平流层的底部有一层非常重要的臭氧。臭氧是氧的一种特殊形式，能够阻隔太阳致命的紫外线。没有它的保护，地球上的动植物将无法生存。

北半球的四季

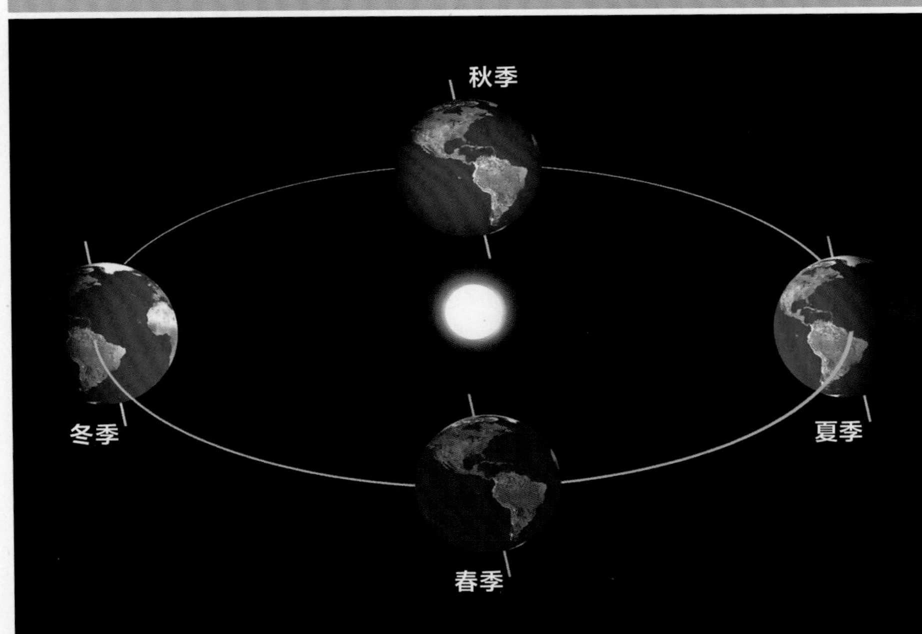

四季变化的原因曾让人疑惑。有人认为当地球的某个半球离太阳最近时就是夏天，离得最远则到了冬天。这个观点听上去似乎很有道理，实际上却错得离谱。四季产生的原因是因为地球的自转轴相对于公转轴有23.5° 左右的倾角。这影响了阳光辐射在地面上的强度，进而引起四季的变化。当北美洲、欧洲和亚洲北部处于夏季时（上图），它们正好正对着太阳，可以集中接收阳光。在同一时间的南半球则处于冬季，南美洲、非洲和大洋洲偏离了太阳的辐射，阳光不够集中，产生的热量也不足。6个月后，当地球转到太阳的另一侧，一切都颠倒过来，北半球是冬天，而南半球是夏天。1月时，当美国人在佛蒙特州的雪山上滑雪时，在海滩上享受着日光浴的澳大利亚人正在给他们的冲浪板打蜡。

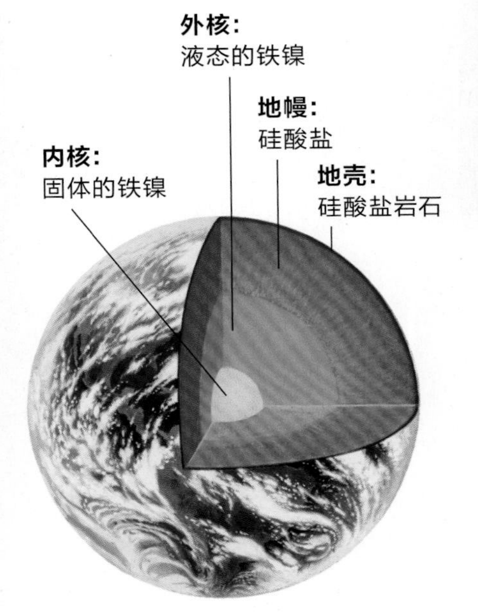

地壳是由冷却后的岩石形成的一层薄薄的地表，支撑着各大海洋与大陆板块。地壳下面是由熔岩形成的地幔，是火山岩浆的发源地。地幔包裹的是地核。

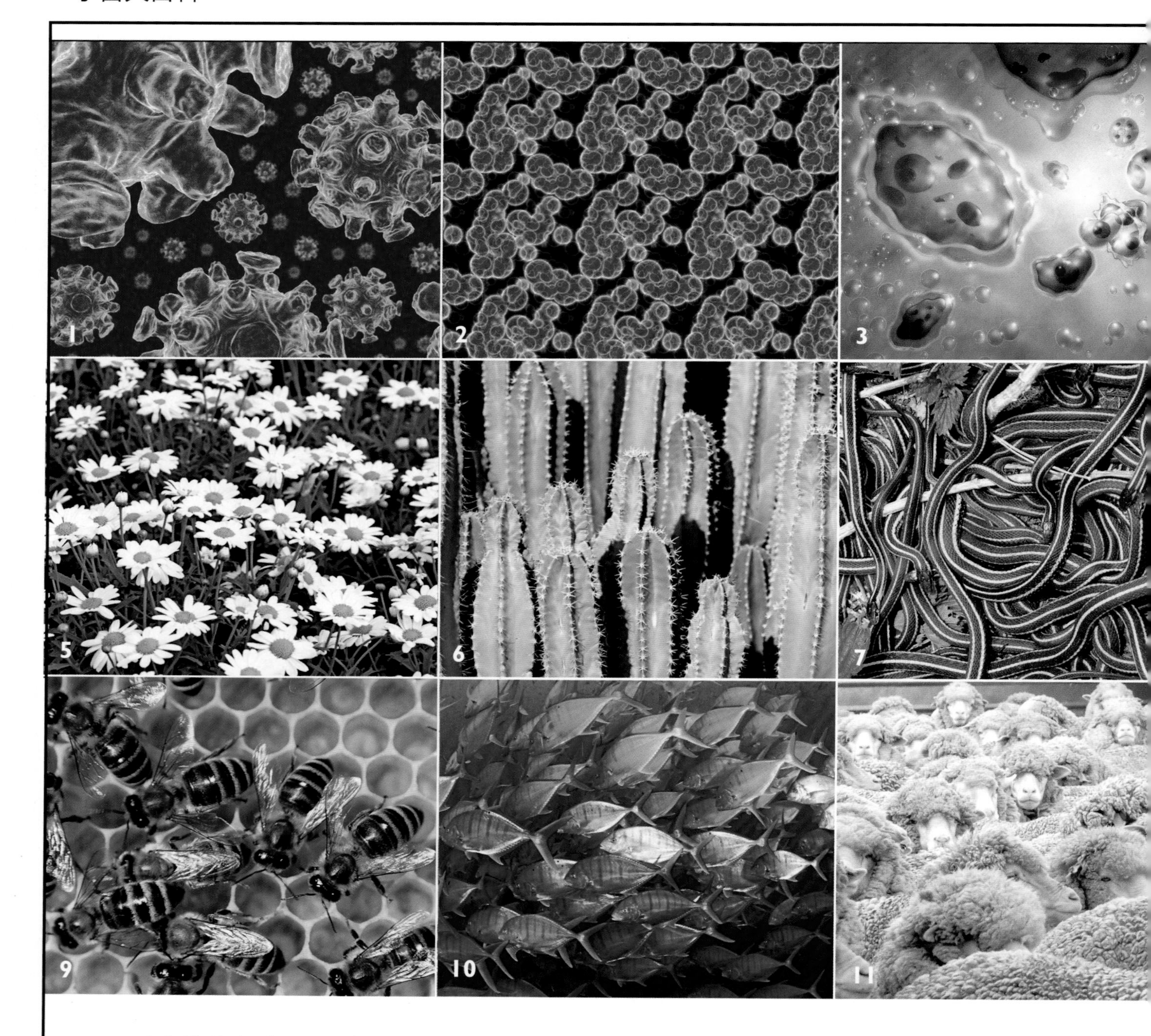

从炎热的赤道到冰冻的极区，从海洋的底部到山脉的顶端，从生物（包括人类自己）的身体内部到灼热的火山硫黄池中，生命遍布地球的每个角落，生物的多样性和分布的广泛性令人震惊。从变形虫到大象，从电鳗到蝴蝶，科学家尝试将地球上所有的生物进行分类。那些尝试对相似种类的生命形式进行分组的科学家，已经识别出将近120万种不同的动物及植物种群，其中绝大部分是哺乳动物、昆虫和鸟。但据估计，未发现的种类——绝大部分是鱼、菌类、昆虫和陆地动物，可能有800万种左右（该数量不包括细菌等简单的生物体）。如果你想发现一种新的物种，你只需要在南美洲的热带雨林中待上一天，在木头或石头下找一找就行了。

科学家尚不确定地球上的生命是如何开始的，但他们肯

定生命起源于海洋。绝大部分生物，包括人类，在体内仍保有过去的印记。由于地球上71%的面积被水覆盖，我们身体中大约60%也是水，在某种程度上我们就是装着水的移动容器。

地球上最早的生命比较像我们今天随处可见的细菌。在过去的37亿年里，地球上的生物分化为多种形式，并且适应了能想象到的所有环境。现在我们还不清楚它们是怎样做到这一点的，这个过程会在太阳系的其他地方或在其他恒星周围的行星中发生吗？

在不久的将来，我们可能会有一个较为完美的答案。

地球上的生命美丽而多样。（前四种生命是在显微镜下的微生物。）

1. 流感病毒
2. 细菌的细胞
3. 变形虫
4. 浮游植物
5. 一丛雏菊
6. 沙漠仙人掌
7. 束带蛇
8. 一群鹅
9. 蜂巢中的蜜蜂
10. 一群白鲑
11. 羊群
12. 不同种类的珊瑚
13. 观看足球赛的观众

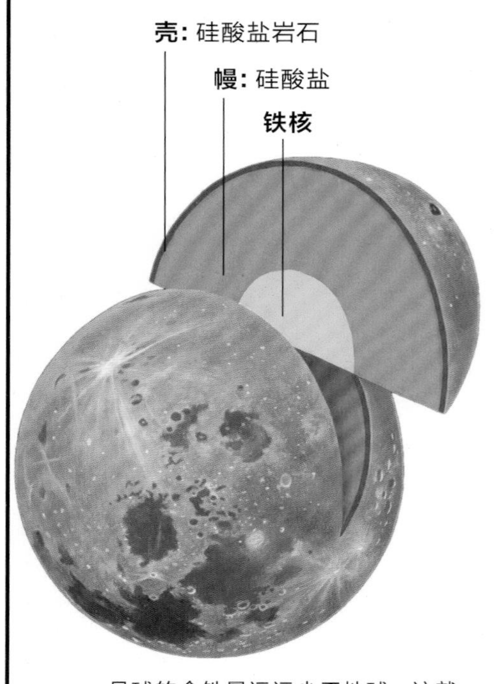

月球的含铁量远远少于地球，这就能解释为什么它的密度只有地球的六分之一。

月球是太空中离我们最近的邻居，乘坐飞船只要三天就可到达。它的存在和它表面的痕迹表明早期的太阳系是狂暴、混乱的。我们用一个双筒望远镜可以看到月球上被古代火山的熔岩流抹平的地形，以及在伤痕累累的月球表面，有一个直径达160千米的巨大陨星坑。

地球的大气可以缓冲撞击，并使绝大部分的太空来客在撞击前就燃烧殆尽。但月球上没有大气，任何砸向它的物体都会直接与之相撞，产生的撞击坑也不会因为气候等活动而消失。1969年，“阿波罗”号飞船上的宇航员在月球表面留下的足迹将可以保持至少1000万年。

月球表面有两种地形：一种是有很深撞击坑的高原，另一种是相对平坦的玛利亚（maria,来源于拉丁语的海mare这个词）低地。玛利亚低地主要分布在面向地球的一面，它们形成于40亿年前。那时小行星不断撞击月球，导致那里岩浆漫流，重塑了大片的月表地貌。在月球的另一面，可能是因为撞击没有那么频繁或者外壳更厚一些，熔岩没有流到表面。

日食与月食

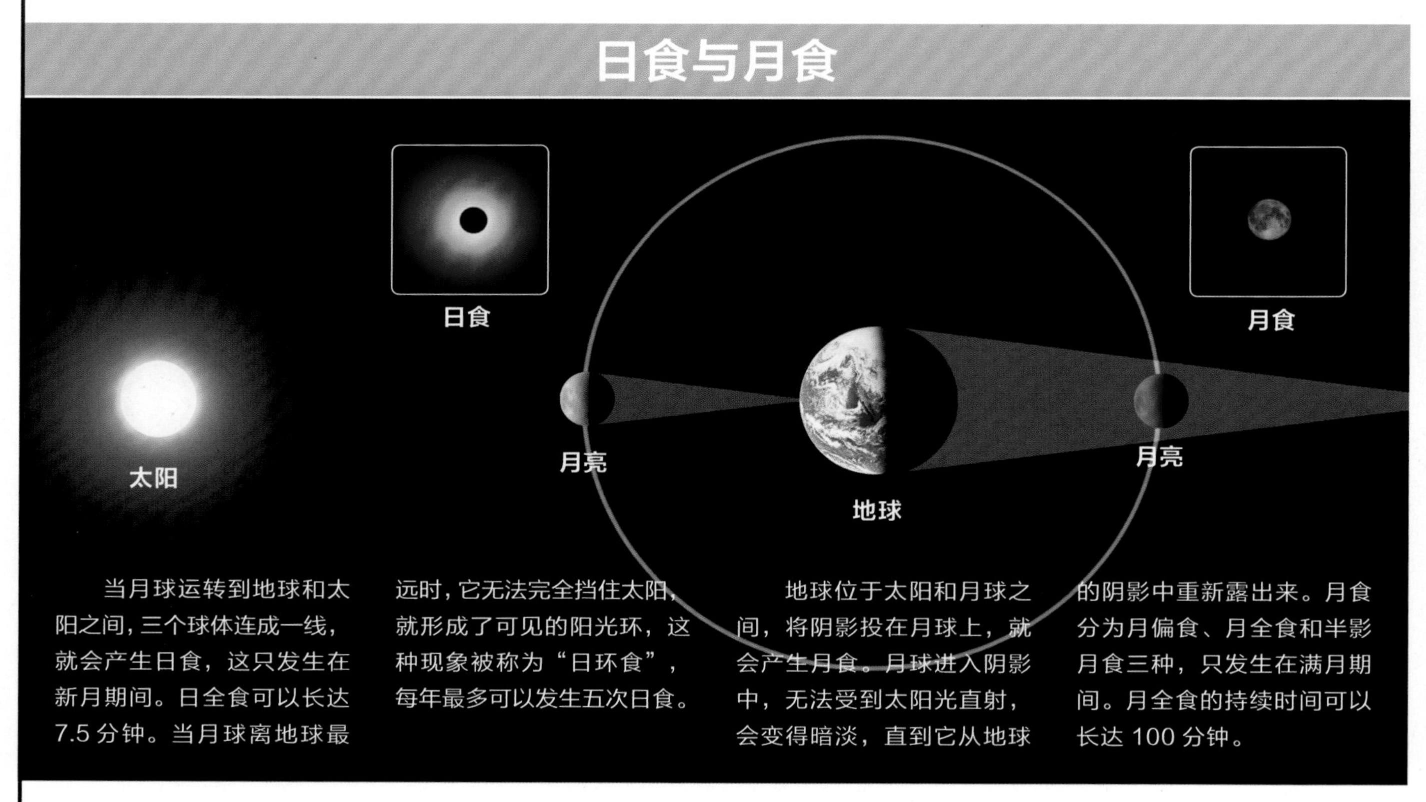

当月球运转到地球和太阳之间，三个球体连成一线，就会产生日食，这只发生在新月期间。日全食可以长达7.5分钟。当月球离地球最远时，它无法完全挡住太阳，就形成了可见的阳光环，这种现象被称为“日环食”，每年最多可以发生五次日食。

地球位于太阳和月球之间，将阴影投在月球上，就会产生月食。月球进入阴影中，无法受到太阳光直射，会变得暗淡，直到它从地球的阴影中重新露出来。月食分为月偏食、月全食和半影月食三种，只发生在满月期间。月全食的持续时间可以长达100分钟。

假设你和右图中的这两位宇航员一样站在月球上的某个特定位置，当地球从太阳前方经过并完全遮住阳光时，你可以观测到持续近20分钟的日食景象。太阳光穿过地球大气层的边缘，会给月球上的一切投射上一层奇异的红光。

与地球一样，月球上也有山脉，它们大部分位于大型陨星坑的边缘，这是由于月岩受到小行星的撞击而被突然抬高形成的。最令“阿波罗”号飞船上的宇航员惊讶的景象之一，是月球上的山脉不是陡峭、参差不齐的，而是平缓且呈弧形的。由于没有大气，月球的地面上只有黑色的影子，不像地球上的阴影是浅灰色的。此外，由于没有诸如电线杆那样熟悉的物体做参照，所以站在月球上的宇航员无法分清山脉的大小和远近。

地球和月球通过引力相互吸引。这引发了一些有趣的现象，如沿着海岸线的潮汐现象。当40多亿年前月球刚形成时，它离我们的距离是现在的七分之一。随着时间的推移，它的轨道离我们越来越远。现在它自转和公转的周期都是28天。这种现象称为“潮汐锁定”，也是我们只能看到月球一面的原因。太阳系中绝大部分较大的卫星与它们绕转的行星也处于潮汐锁定的状态。

月球以轨道直径每年增加大约3.8厘米的速度继续离地球越来越远，不过它不会脱离地球飘走——在这种情形发生之前太阳系已经终结。

月球上的人类

美国国家航空航天局计划在未来20年内重返月球。由于月球的引力只是地球的六分之一，月球上的宇航员会轻一些。一个体重60千克的人在月球上只有10千克，一个被用力击出的棒球能以每小时16千米的速度飞行。

宇航员巴兹·奥尔德林将月球描绘成“壮丽、荒凉的世界”。那里没有可供呼吸的氧气，也没有可防护致命太阳辐射的磁场。

月球的未来

月球是由远古的一场撞击形成的。科学家认为它还会遭受新的灾难。大约50亿年后，太阳将进入红巨星阶段，并开始变大。当它膨胀到月球轨道时，太阳会将月球推向地球。这最终将撕裂月球。最初月球的碎片会形成一个块状的、围绕地球的环形系统，之后会坠毁在地球表面。

约 50 亿年后，当月球变成碎片时，这些碎片会在地球的周围形成一个环。当月球的残骸从熊熊燃烧的天际如雨点般落在地球上时（左图），月球和地球将重新结合在一起。

年轻的宇宙中，第一颗恒星正开始发出耀眼的白光。

探索恒星和星外领域

在地球上看银河

如果在漆黑的夜晚，你在乡村小山上仰望天空，就会看到头顶有一条暗淡的弧形光带，就像溅落在天空中的牛奶。古罗马人称这条光带为“牛奶路”，这一名称沿用了近2000年。

世界上有很多人管它叫“牛奶路”，但不同的文化也赋予这条光带不同的名字。在中国，我们称它为“银河”，生活在南部非洲的卡拉哈里沙漠的人们称它为“夜之脊梁”。

1610年，伽利略用他的望远镜发现这条光带实际上是由无数恒星组成的。现在，我们知道了在银河里有上千亿颗恒星，不过，即使在晴朗的夜晚，我们用肉眼能看到的恒星也只有2000颗左右。银河上也点缀着黑暗的“补丁”，这些区域并不是没有恒星，而是星际尘埃云阻挡了其后面的星光。

在远离城市灯光干扰的南太平洋，流星划过复活节岛上纯净的夜空。银河在我们的头顶上空发出璀璨的光芒，昏暗的尘埃云遮住了银河中心的部分区域，而其他区域则与数十亿颗遥远恒星发出的星光交相辉映、闪闪发亮。

星座——星空之梦

很久以前，人们在观察天空时注意到星星能组成不同的形状和图案。他们将星星连接起来，把它们想象成天上的人或动物，用星星描绘传说中的英雄和怪物。

今天我们称这些恒星构成的图案为“星座”，目前共有88个。有些只能在赤道以北看到，有些则只能在赤道以南看到。

在南半球看到的星星，如南十字星座，是由欧洲的海员命名的。在16世纪那个探险的时代，他们驾船开始探访南部大陆。天文学家用这些海员的天文观测记录来填充天球图上的空白区域。

天上的星座不是一成不变的。在宇宙的另一个地方看，星星的排列方式是不一样的。由于每颗恒星都在宇宙中不断运动着，因此星座也会随着时间而变化。

上图以北极星为中心，显示了恒星在不同时刻随着地球自转呈现的运行轨迹。人类的祖先将恒星组成的图案想象成人或动物，如上面的星座盘所示。

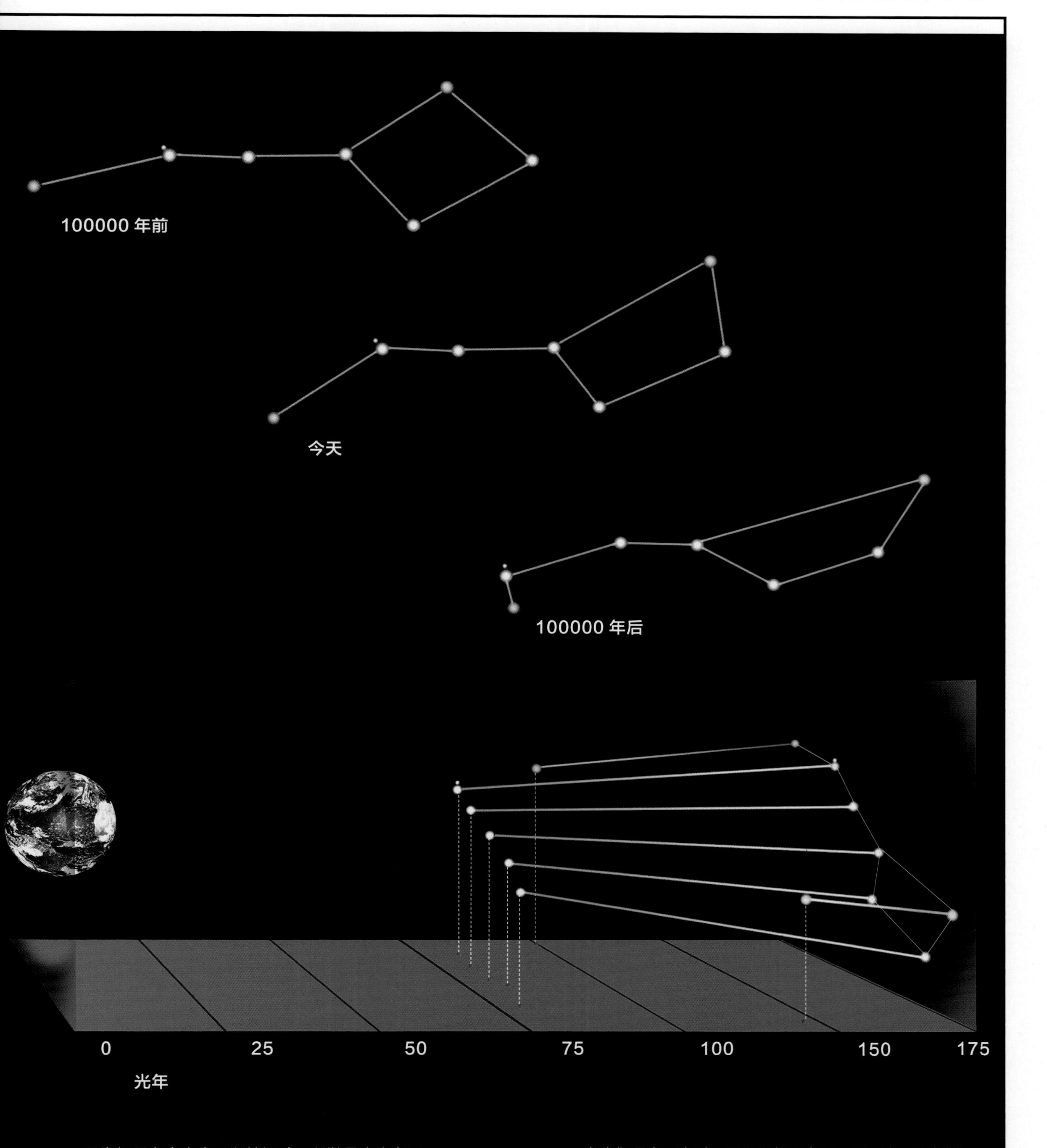

因为恒星在宇宙中不断地运动，所以星座也在不断变化。北斗七星“勺”的前端在过去更像正方形，将来它们会变得像梯形。

当我们观察天空时，星星们似乎在同一平面上而且相隔很近，实际上它们处于不同的空间位置。在北斗七星中，有些恒星到我们的距离是其他恒星的两倍。

我们看到的都是历史

望远镜好似一台时光机器，但它只能带我们回到过去。因为我们通过望远镜看到的是过去的景象而非现在的。

这是由于我们通过望远镜看见的光是来自太空的。光到达地球是要花费时间的，尽管它的速度每秒高达300000千米。光从太阳到地球需要约8分钟，因此我们看到的太阳是它8分钟前的样子。光从冥王星到达地球大约要4小时，因为它要穿越长达50亿千米的宇宙空间。

遥远的距离

一旦离开太阳系，距离就远得无法想象。距离太阳最近的恒星是半人马座α星，它远在41万亿千米之遥的地方。它到银河系中心的距离是20万万亿千米。

这些数字太大了，于是天文学家发明了一个新的词来描述宇宙距离：光年。光年是光在一年内走的距离，因此1光年等于9.5万亿千米。由于光从半人马座α星到达地球要花4年多的时

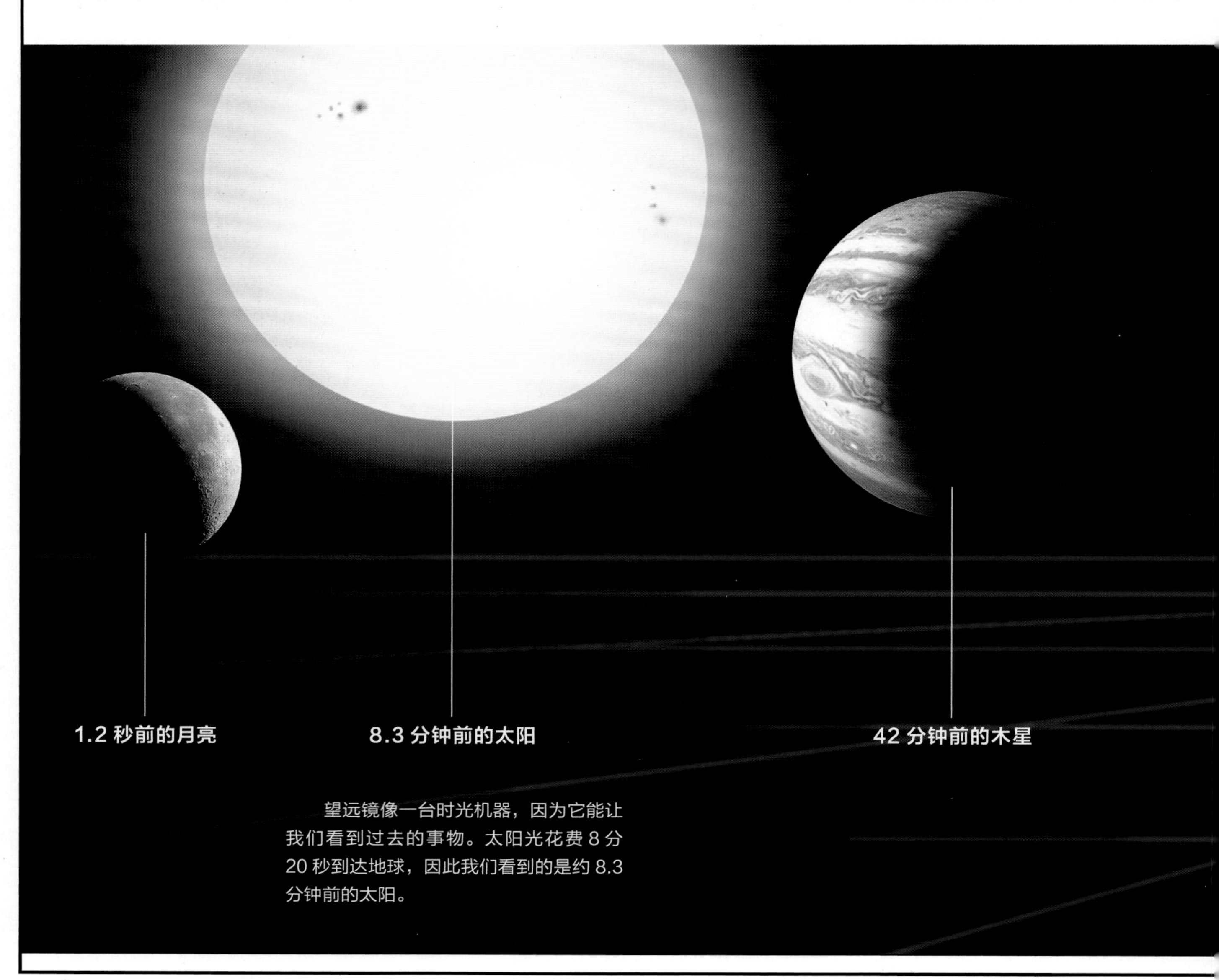

望远镜像一台时光机器，因为它能让我们看到过去的事物。太阳光花费 8 分 20 秒到达地球，因此我们看到的是约 8.3 分钟前的太阳。

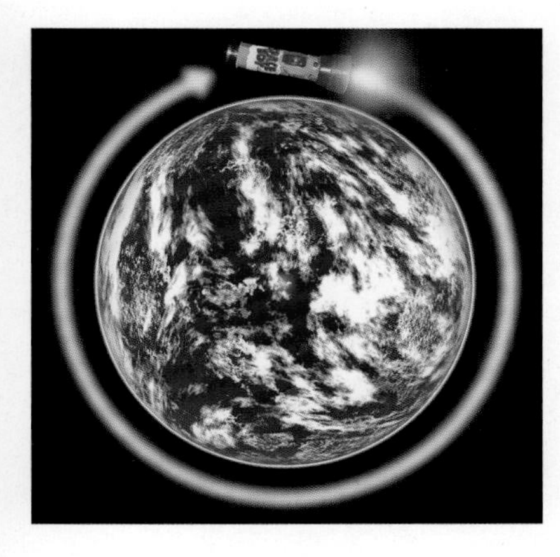

如果你在地球上用手电筒发出一束光，这束光一秒钟可以绕地球 7 次多。航天飞机则要慢得多，它绕行地球一周需要 90 分钟。

间，所以我们说半人马座α星位于4光年之外。

回溯时间

回溯时间是指我们目前看到的天体处于过去的什么时刻。半人马座的回溯时间是4年。位于金牛座的红色恒星毕宿五的距离约65光年，因此它的回溯时间是65年，我们看到的是它65年前的样子。这有点像看你祖父母孩童时代的照片。

当你观测银河系之外时，光旅行的时间更长。例如，离我们最近的星系是仙女座旋涡星系，位于250万光年之外。我们看到的光是它在人类最早的祖先刚刚出现在地球上的时候发出的。

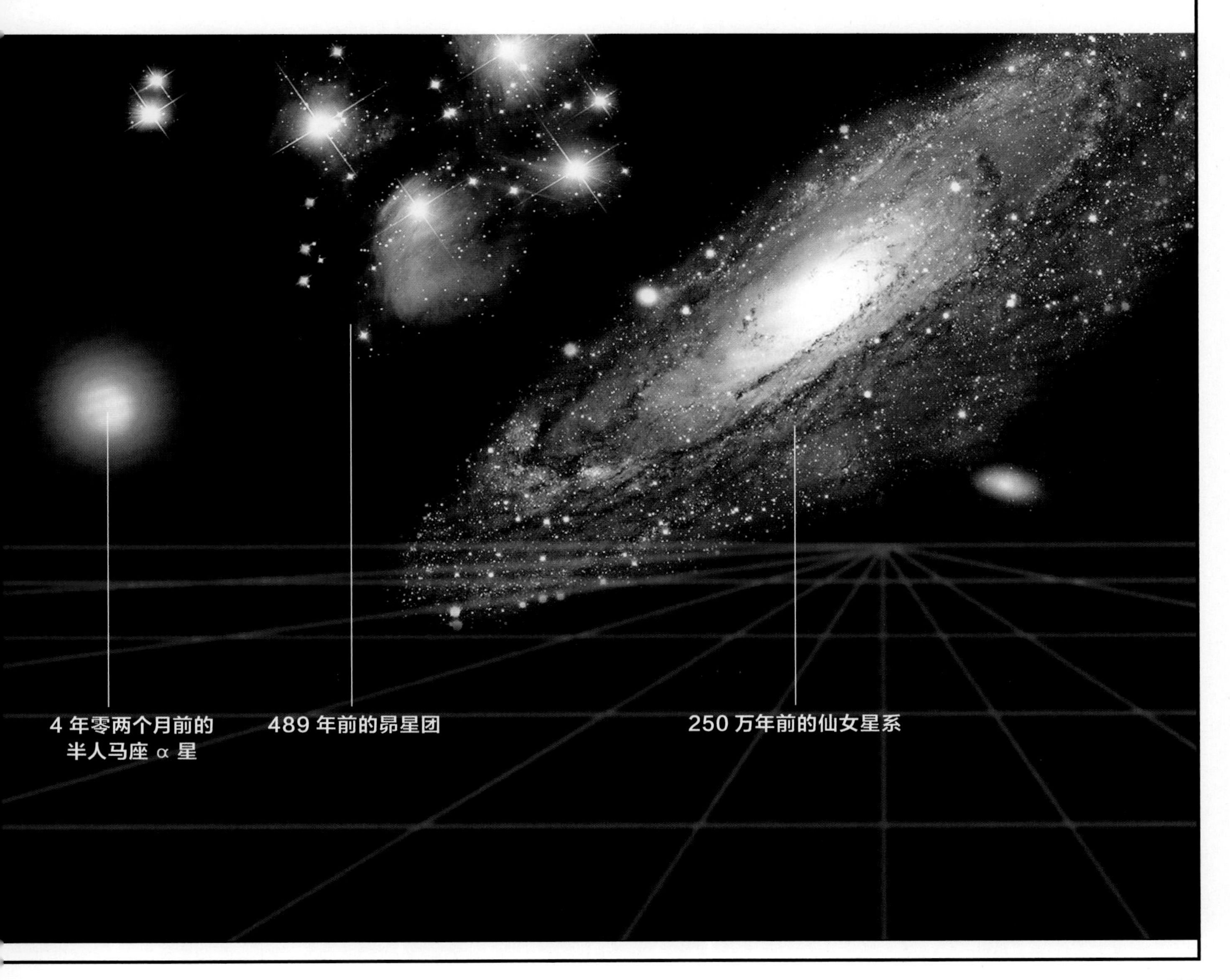

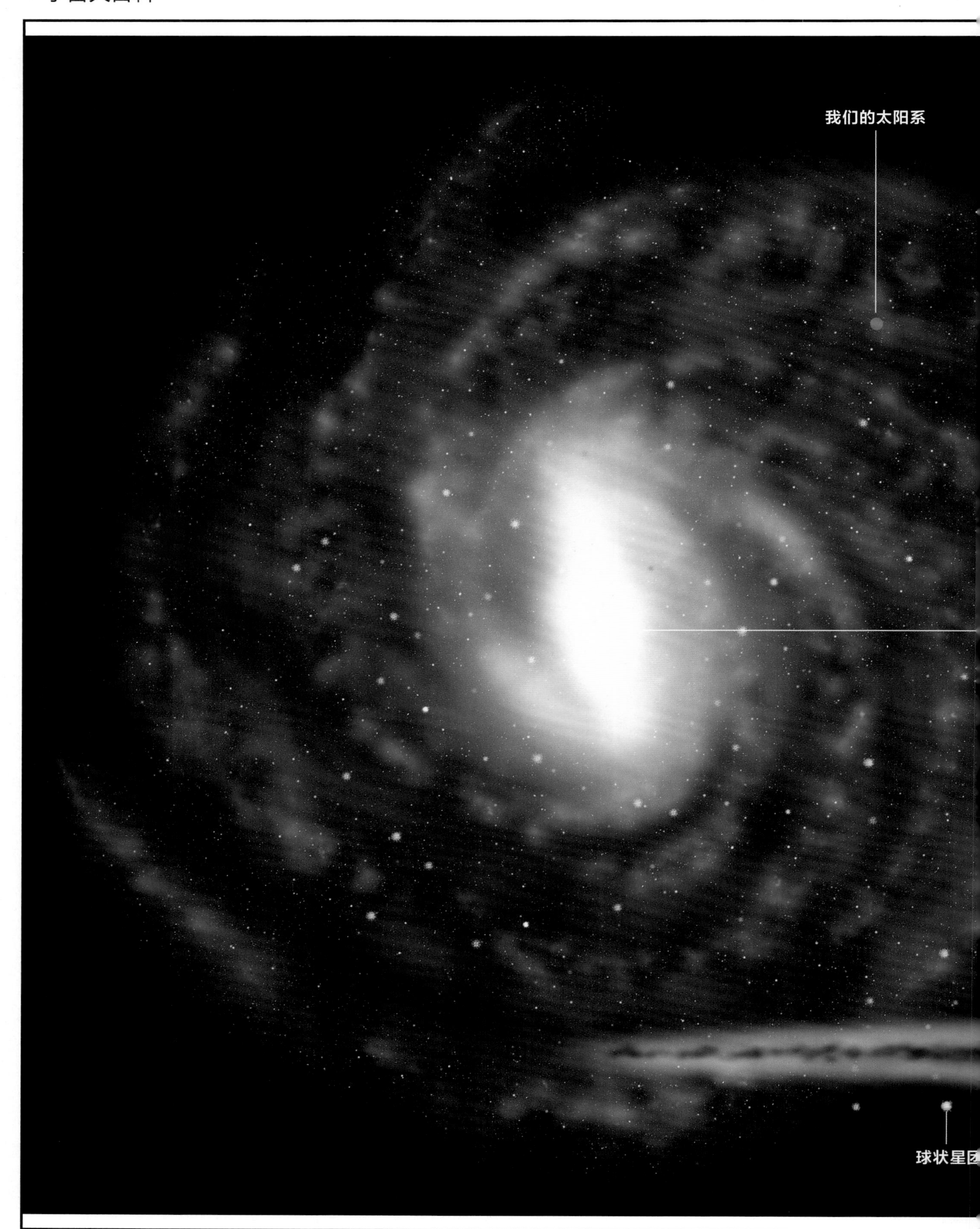
我们的太阳系
球状星团

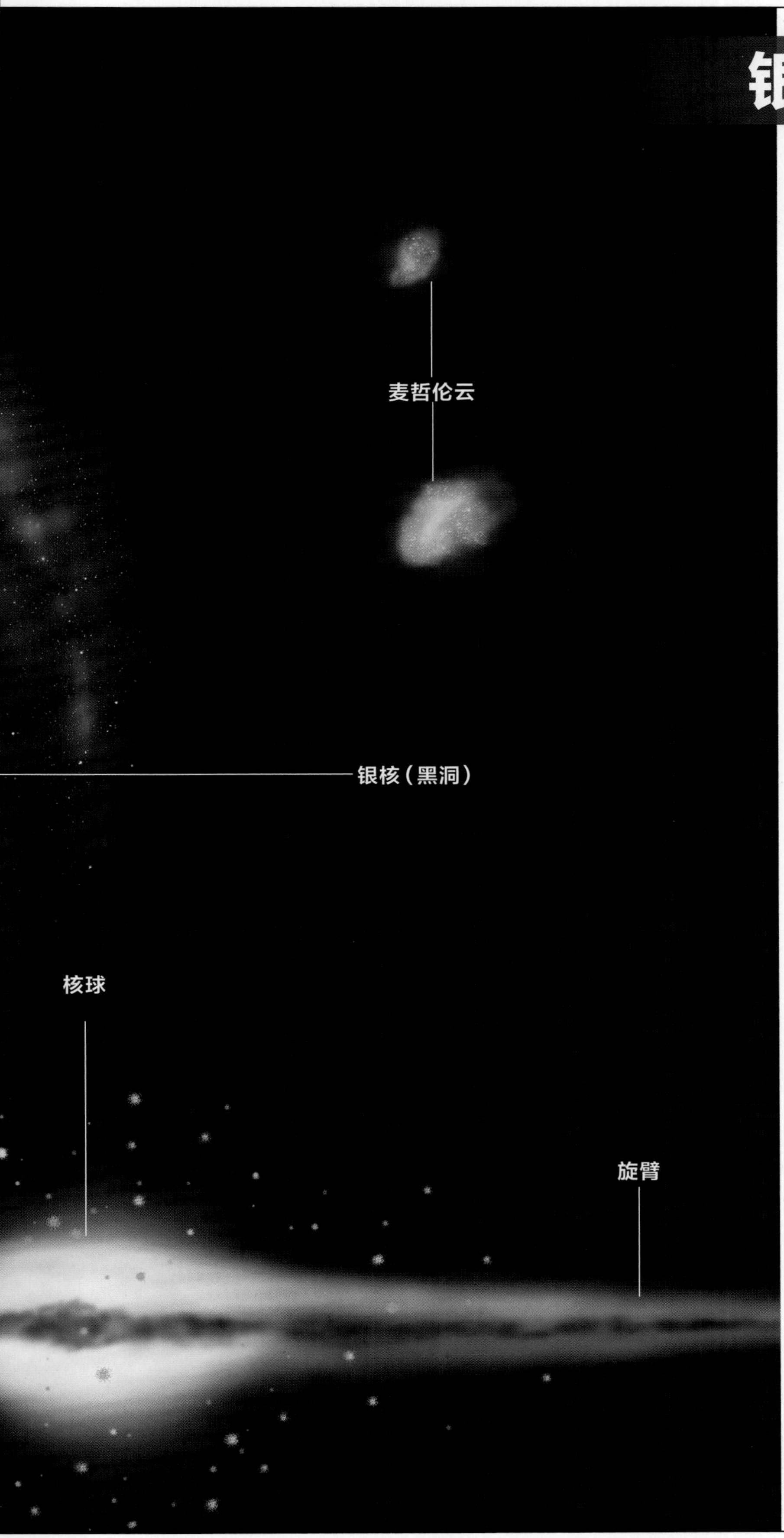

银河系是什么？

我们的银河系看上去是天上恒星组成的带，但实际上它是一个盘。银河系中数千亿颗恒星集中分布在被称为“旋臂”的带上，它们以螺旋状的排列方式向外延展。当我们观察夜空时，能够看到盘的边缘，就像飞盘的一侧。

地球在其中一条旋臂上，大概位于从银河系中心到外边界中间的位置。从星系的中心发出的光要25000年才能到达地球。

太阳系每2.3亿年绕银河系的中心运转一周。当太阳系上一次处于现在的位置时，恐龙才刚刚出现。

在银河系的中心，恒星频繁爆发，在巨大的空间范围内肆虐，从而毁灭附近行星上的所有生命。值得庆幸的是，地球现在的位置离银河系中心很远。

我们的银河系（左图）有一个核球，包围着银河系的中心或银核。在银核中有一个巨型的黑洞。核球周围是扁平的盘，在盘上有呈螺旋状排列的恒星和气体旋臂。在盘的外面，球状星团像一大群蜜蜂绕着中心运动。银河系的伴星系麦哲伦云与银河系擦肩而过。

变化中的宇宙

夜空中的银河系看似安静而平和，闪耀着星光，但实际上它就像忙碌的饭店后厨，不断烹饪新菜肴，而恒星就是主菜。

在银河系里，新的恒星不断形成。绝大部分活动发生在旋臂上，那里有大量可以形成恒星的氢气。在银河系里，平均一年就会诞生一颗新的恒星。

恒星的诞生和死亡是相互联系的。当恒星死亡时，它们的残骸与其他恒星的残骸混合在一起，随着时间的推移又形成新的恒星，甚至新的太阳系。

恒星并不是唯一变化的天体。星系在宇宙中运动，会因相互冲撞而改变形态。有些科学家甚至认为宇宙或许是会反复形成与毁灭的。

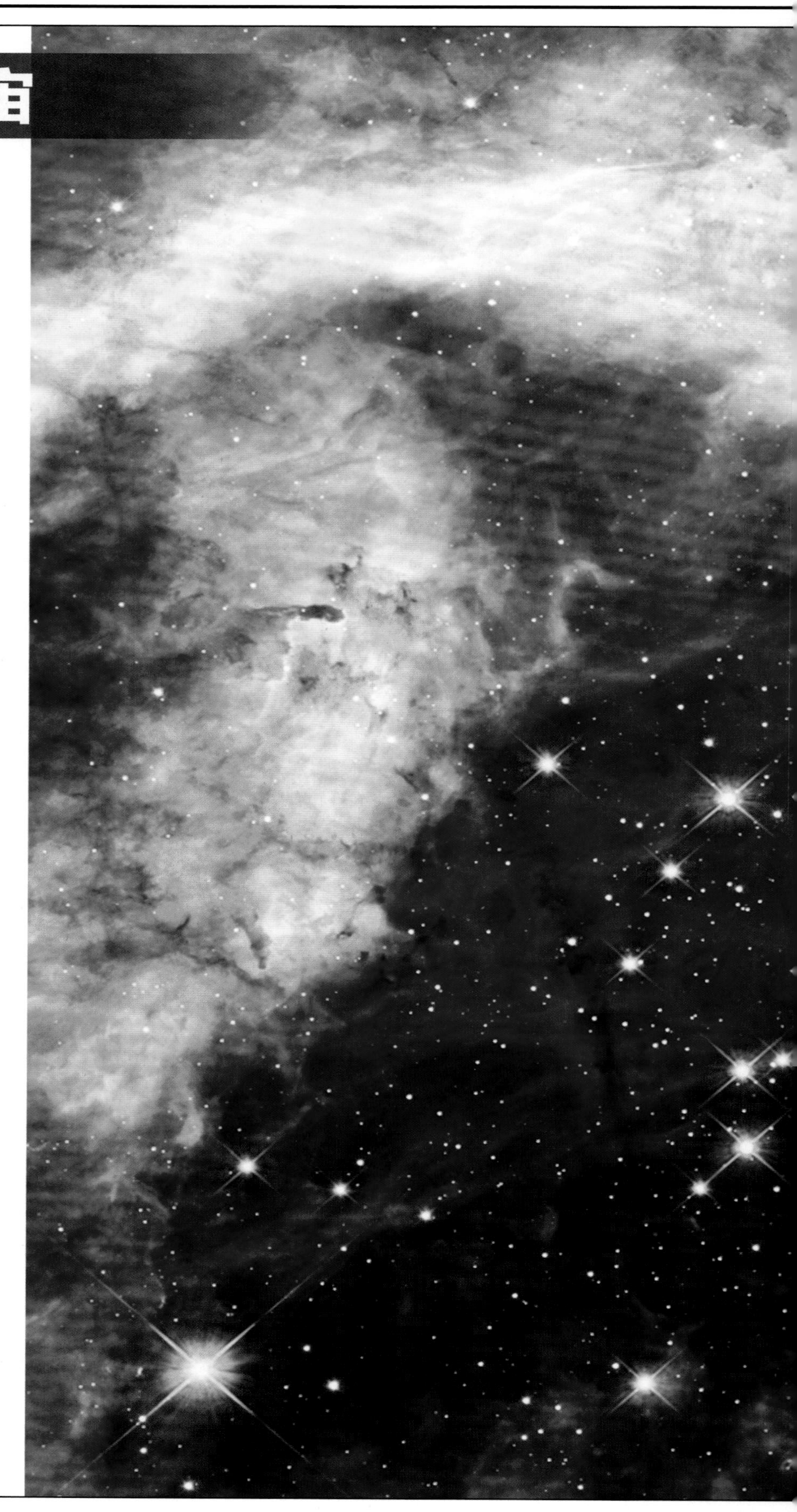

恒星诞生和死亡的景象令人惊叹。这幅星光熠熠的背景图片显示的是麒麟座中一个年轻的恒星场。那些明亮的蓝白色恒星是幼小的恒星，它们才刚刚开始发亮。内嵌的图片则展示了一颗垂死的恒星，它正在膨胀出一个巨大的气体外壳，同时将恒星尘埃重新抛入太空中。右边的两幅图像都是哈勃空间望远镜拍摄到的珍贵的宇宙实景。

恒星的一生

诗人或许会说恒星是永恒的，但科学家可不这么认为。事实上，当恒星耗尽燃料时便会死亡。

你也许认为质量大的恒星会活得更久，因为它们拥有更多的燃料。实际上，质量大的恒星燃烧得更快，寿命反而更短。质量最大的恒星只能活几百万年，而质量最轻的恒星能活几万亿年。

所有的恒星在一生绝大部分时间里将核心的氢聚变成氦。这种核聚变反应为星光闪耀提供了能量。最终，当核心处的氢枯竭，质量较小的恒星就走到了生命的终点。

质量大的恒星在耗尽氢后，会开始将核心的氦聚变成碳和氧。质量最大的恒星能够持续聚变出越来越重的原子，直到它们的核心充满炽热、致密的铁。由于铁的聚变无法再释放能量，这时它的生命也就终结了。

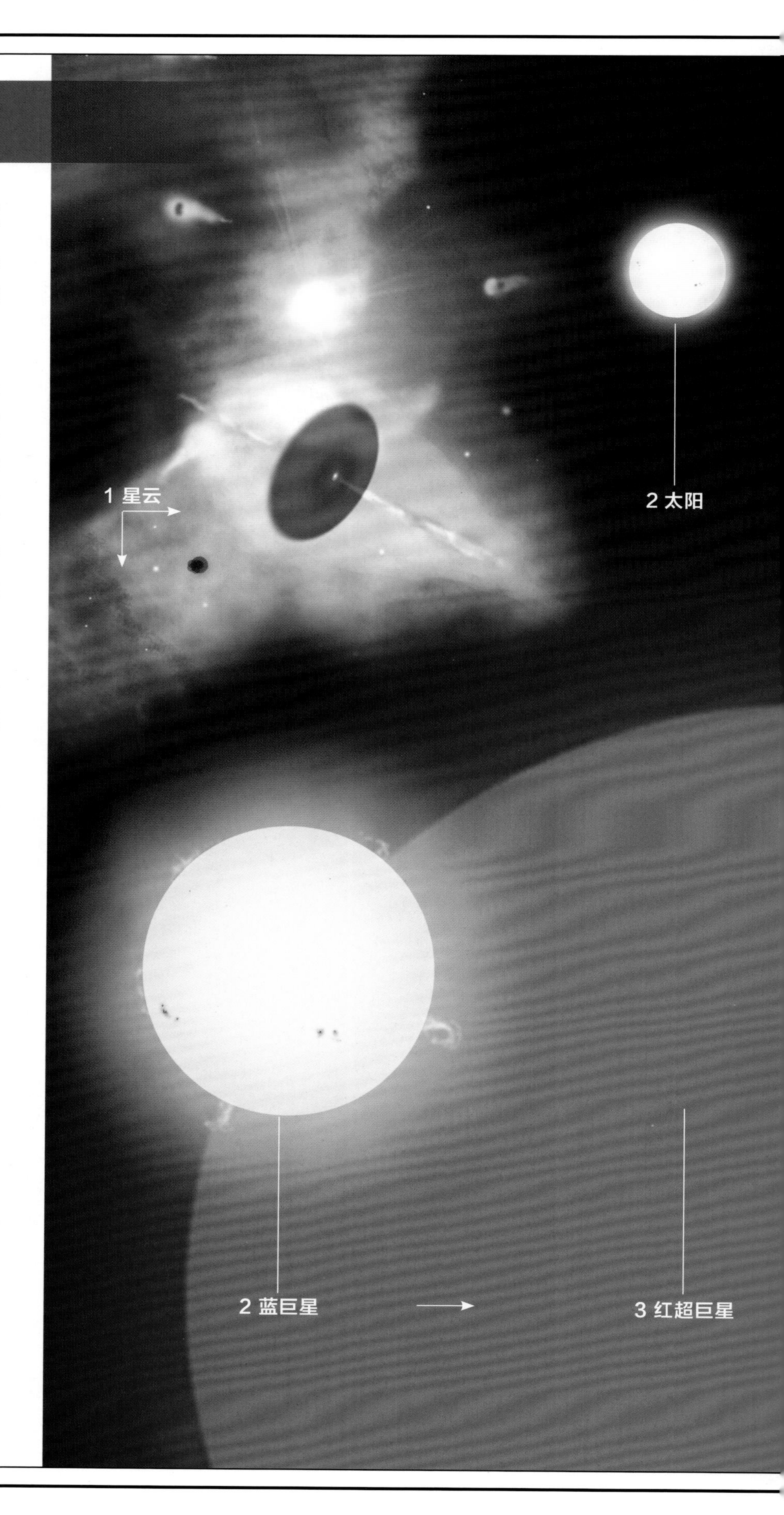

所有的恒星都产生于星云（右图左上），但此后它们的生命历程各不相同。较小的恒星（右图上排）死后会变成很小的、死寂的白矮星。较大的恒星（右图下排）会爆发为超新星，也可能压缩成黑洞或中子星。

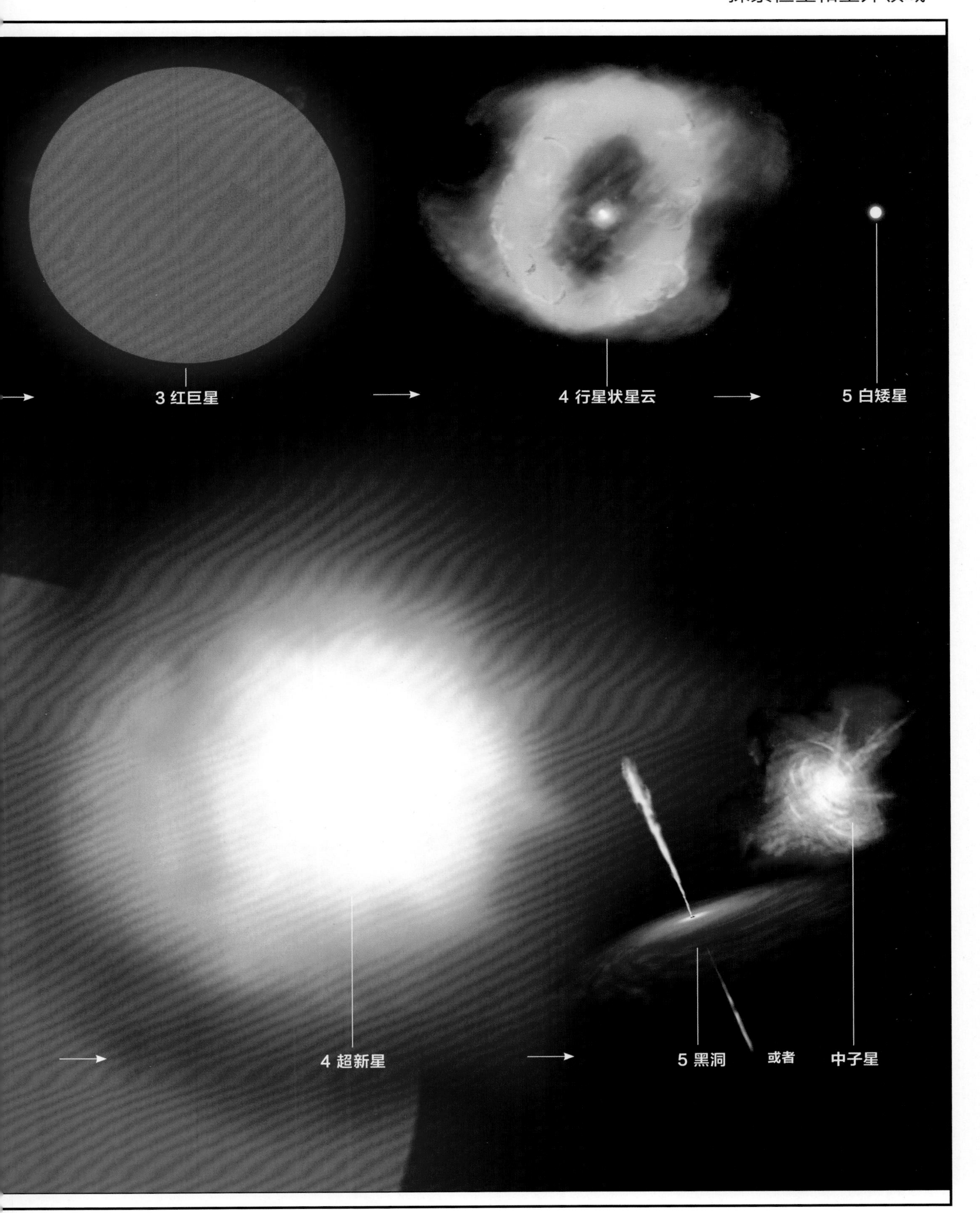
3 红巨星
4 行星状星云
5 白矮星
4 超新星
5 黑洞
或者
中子星

星云——恒星的摇篮

恒星是从被称为“星云”的巨大氢云中诞生的。星云中的团块吸引更多的气体后，它们将变得更大、更热，直到内部发生燃烧，成为恒星。

新生的恒星照亮了周围的星云，就像雾中发光的车头灯。在长时间曝光的相片上，我们可以看出星云的真实颜色。但在望远镜里，星云则呈现出怪异的灰绿色。很多业余的天文爱好者利用查尔斯·梅西耶制作的星团星云列表进行观察。

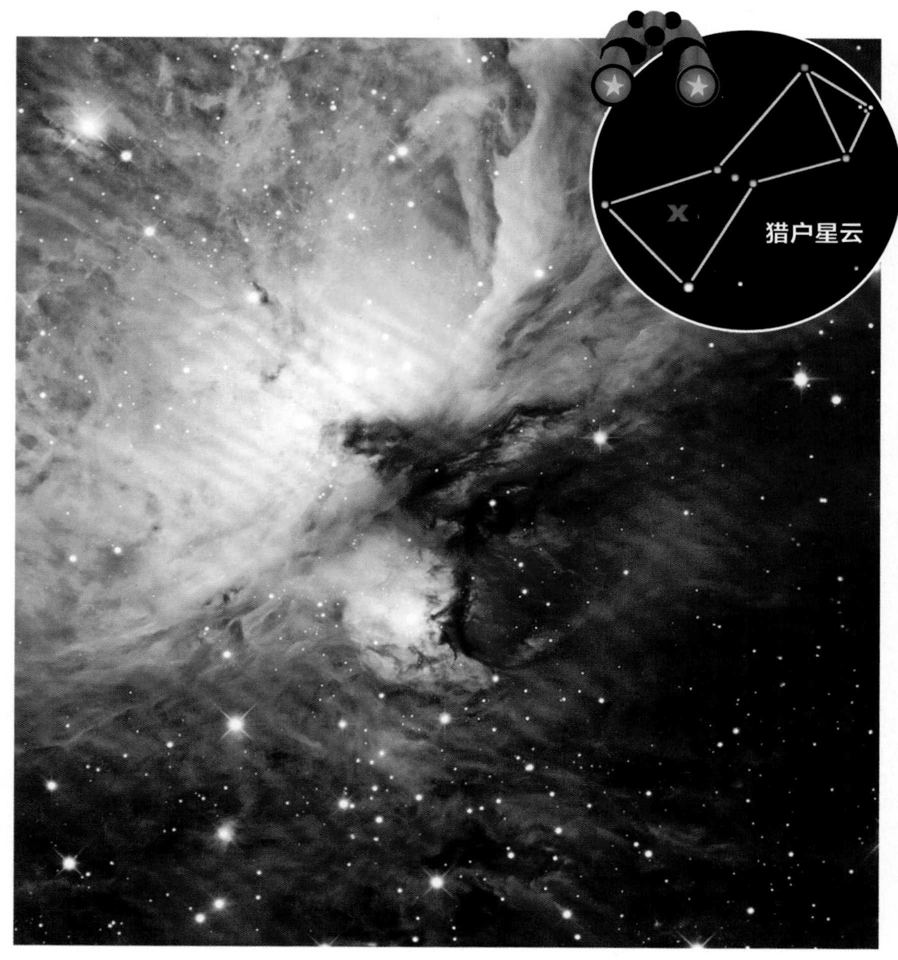

三张照片中的星云都在梅西耶星团星云列表中。每张照片中的星云都是中心红色的发光区域。

M42（右上图）即猎户星云，是梅西耶星团星云列表中最著名也最容易找到的星云。我们凭肉眼就能看到中间那挂在猎户座腰带上的闪亮长剑，即圆图中红色 X 的位置。猎户星云中有几百颗年轻的恒星，包括被称为“四边形”的四颗明亮的恒星组合。

M17（右下图）又名“天鹅”或“欧米茄星云”，位于人马座，距地球 5000 光年。这个星云里有足够多的氢，可以产生几百个类似太阳的恒星。

查尔斯·梅西耶

很多容易用望远镜观察到的星云都有好几个名字。例如，猎户星云也叫“M42”，是传奇天文学家查尔斯·梅西耶编辑的梅西耶星团星云列表中的第42号天体。

查尔斯·梅西耶（左图）出生于1730年，最初是法国的一名彗星搜索者。在他14岁时，一颗神奇的6尾彗星划过天空，从此这个少年就迷上了天文学。在20岁时，他得到了作为天文学家的第一份工作。

梅西耶使用的望远镜相当小，用它观察到的许多天体看起来很相似，因此很容易把一颗彗星和一个星云或星系相混淆。在望远镜的目镜里，它们看起来都像模糊的绒毛球。

为了不再发生混淆，梅西耶开始观察那些看起来像彗星但不同于彗星运行轨迹的天体。他在巴黎的天文台里工作，于1771年发表了第一个包含45个天体的星表。梅西耶一生中都在不断地充实星表的内容。最终星表里的天体达到110个。

梅西耶也追踪了20颗彗星。其中13颗是他首先发现的，另外7颗是其他人先确认的。尽管如此，他依然赢得了尊重。

梅西耶的望远镜与大家现在用的差不多，因此许多天文爱好者经常观测所谓的“梅西耶天体”。有些疯狂的爱好者甚至会挑战“梅西耶马拉松”计划，试图在一个晚上观测完110个梅西耶天体。

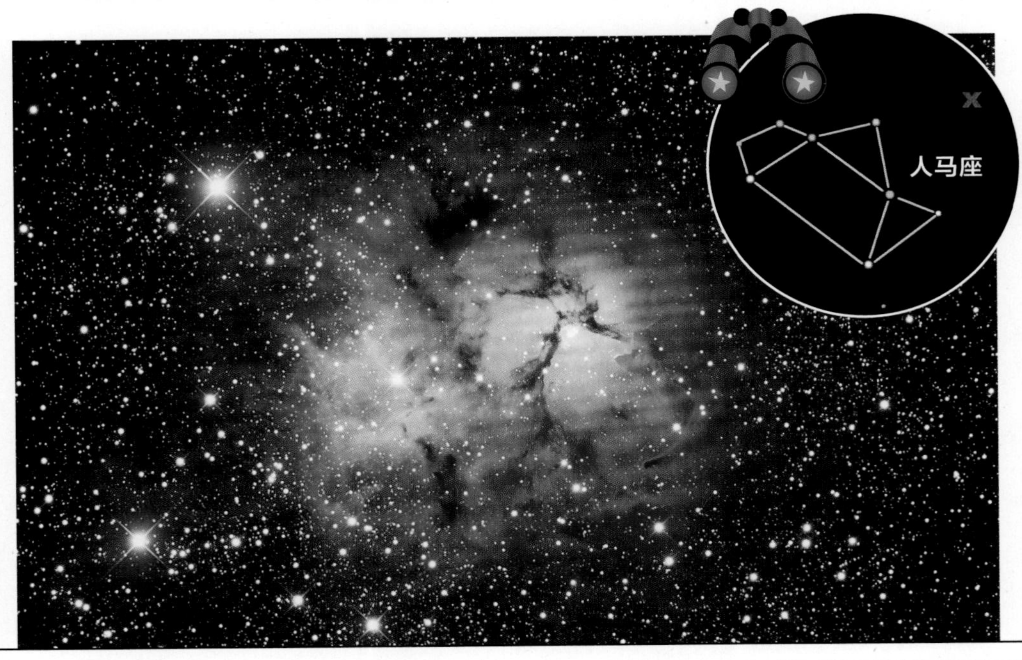

M20（左图）即三叶星云，它的名字源自其三瓣的形态。尘埃的暗条把它分割成几部分。它的红色来自被年轻恒星加热的氢气，蓝色是大质量的年轻恒星的颜色。

恒星的大小和类型

天文学家根据恒星的大小、温度和颜色对它们进行分类。当天文学家谈论恒星的大小时，他们通常指的是恒星的质量，或者它包含了多少物质。这种分类系统适用于年轻和中年的恒星。当恒星变老时，就不这么分了。

恒星的盛年

当恒星处于盛年时，它位于“主序”上。这意味着它通过将氢转化为氦来产生能量。

恒星的质量决定了它的各种性质：它有多热、是什么颜色以及能活多久。大质量的恒星温度较高，呈现蓝色；而小质量的恒星温度较低，呈现红色。

为了更容易分辨主序星，天文学家用不同的字母代表不同的恒星类型。由于历史原因，这些标记并不是按字母表顺序排的，而是用O、B、A、F、G、K、M代表。最热的恒星是O型，而最冷的恒星是M型。

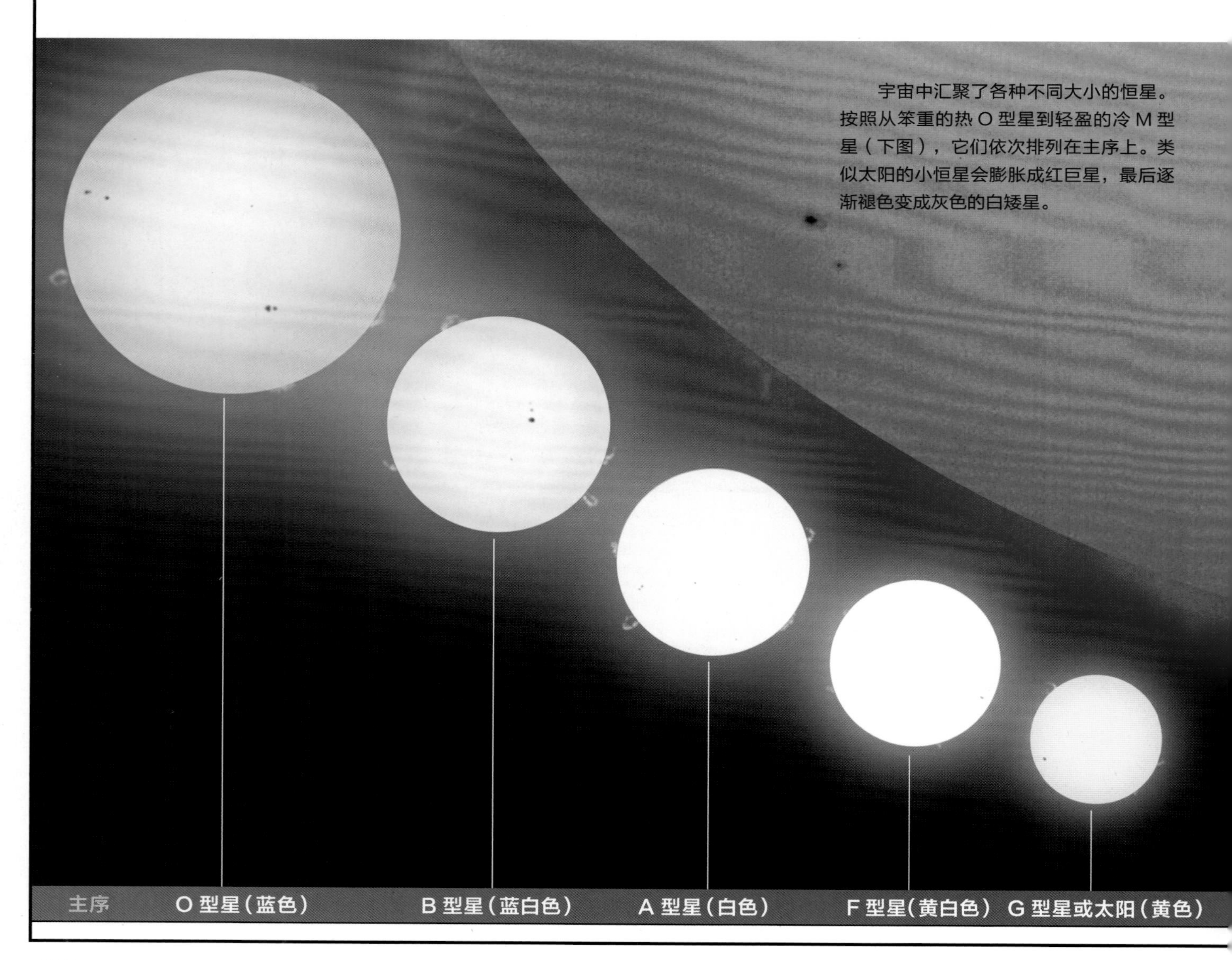

宇宙中汇聚了各种不同大小的恒星。按照从笨重的热O型星到轻盈的冷M型星（下图），它们依次排列在主序上。类似太阳的小恒星会膨胀成红巨星，最后逐渐褪色变成灰色的白矮星。

最小的恒星质量大约只有太阳的十分之一。它们的温度较低，呈暗淡的红色，通过缓慢且稳定的燃烧可以存活上万亿年。最大的恒星质量大约为太阳的100倍甚至更多，表面很热，呈明亮的蓝色。它们猛烈燃烧，几百万年后就会耗尽所有燃料，从而走向生命的终结。

年老的恒星

当恒星停止氢聚变反应，离开主序的时候，它的大小也会发生变化。它开始在核心周围一个壳层状的区域里燃烧氢。这个壳层里聚变释放的能量加热了恒星，使得它发生膨胀，体积变为原来的数倍。类似于太阳这样质量的恒星都可以膨胀成红巨星，大小远远超过O型星，但质量要小许多。最终它们会逐渐褪色成为白矮星。

大质量的恒星会变成红超巨星，其中最有名的红超巨星是猎户座的参宿四。

恒星的燃烧

P P

1. 两个质子快速相撞。

P P e+ v

2. 碰撞的力量使能量从质子转移到中子。

P N e+ v

3. 能量释放时，星光璀璨。

恒星的能量来自核聚变，换句话说就是将氢原子核聚变（融合）成氦原子。在恒星的中心，温度非常高、压力非常大，原子核相互挤压、碰撞。它们的碰撞非常激烈，使原子核中带正电荷的质子变成不带正电荷的中子。在这个聚变的过程中释放出小部分能量。太阳每秒钟聚变 6.5 亿吨的氢。按照这个速率，在氢耗尽前它还能活 50 亿年。

类太阳恒星的死亡

类似太阳这样的恒星，死亡时是美丽而平静的。它会在很短的时间内产生绚丽辉煌的气体星云。

当这类恒星耗尽核心中的氢时，它开始在核心周围的薄壳层里进行氢聚变，而核心就像蛋黄一样被包裹在壳层中。在壳层里，燃烧的氢释放能量，会加热恒星的外层，使它发生膨胀。之后，恒星便成为一颗红巨星。

恒星的外层膨胀得越来越厉害，最后被完全吹走，留下炽热、垂死的核。这个核称为“白矮星”。它照亮了周围的气体，形成发光的星云，然后将成为新一代恒星的诞生地。

这些过程大约要一万年的时间。白矮星也逐渐变得冰冷而暗淡，最终成为一颗冰冷的黑矮星。

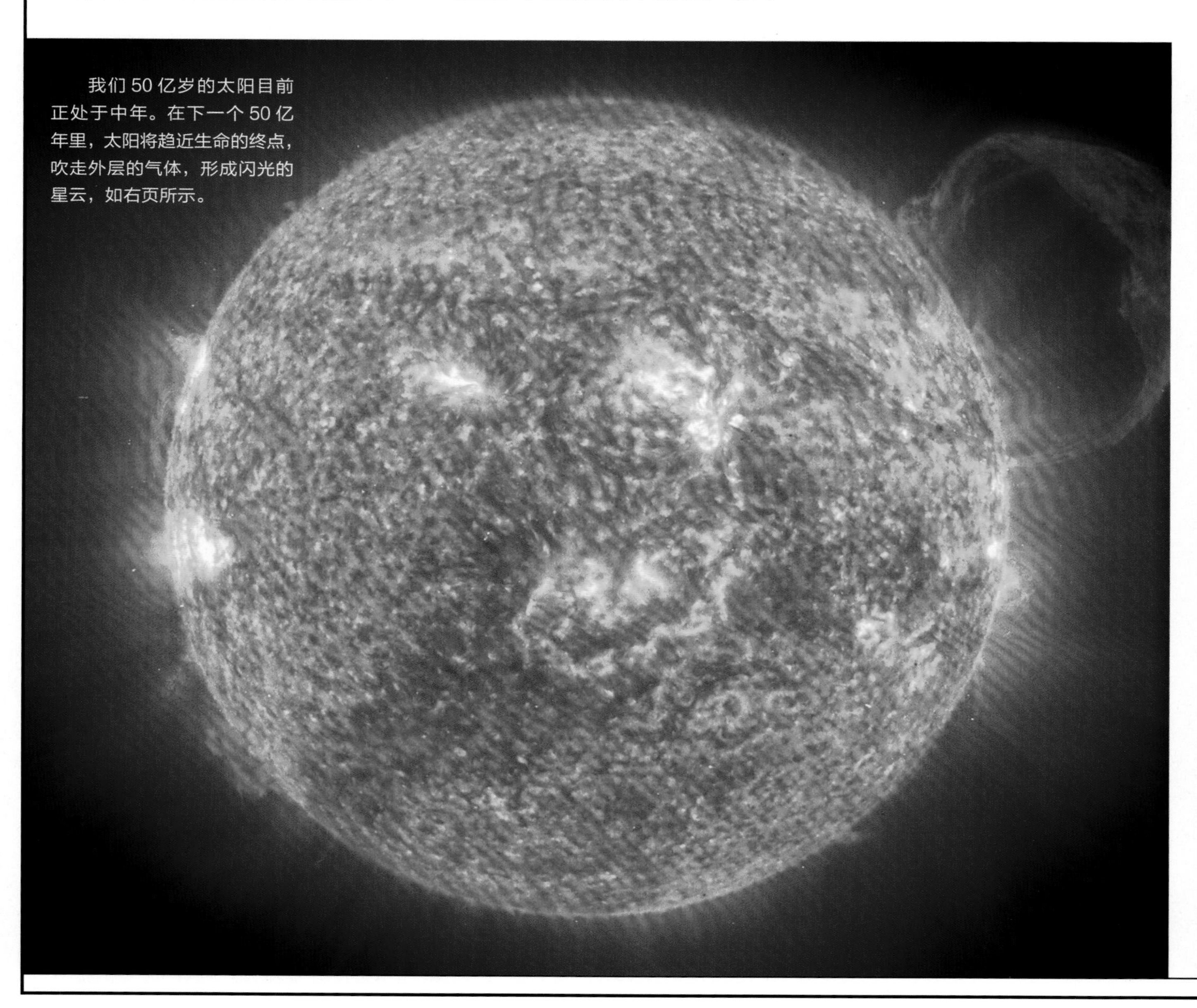

我们50亿岁的太阳目前正处于中年。在下一个50亿年里，太阳将趋近生命的终点，吹走外层的气体，形成闪光的星云，如右页所示。

M27（左上图）又名“哑铃星云”，是第一个被发现的、由垂死的类太阳恒星产生的星云。它是夜空中比较明亮的星云之一，处于中心的恒星以锥形的方式向两边抛射气体。我们在侧面可以看到星云独特的形态。

M57（左中图）又名“环状星云”，形状像哑铃星云，气体两端呈锥形。但我们从地球上看到的是锥形的底，所以星云看起来像一个环。环的大小超过 8 万亿千米，在天琴座很容易找到它。

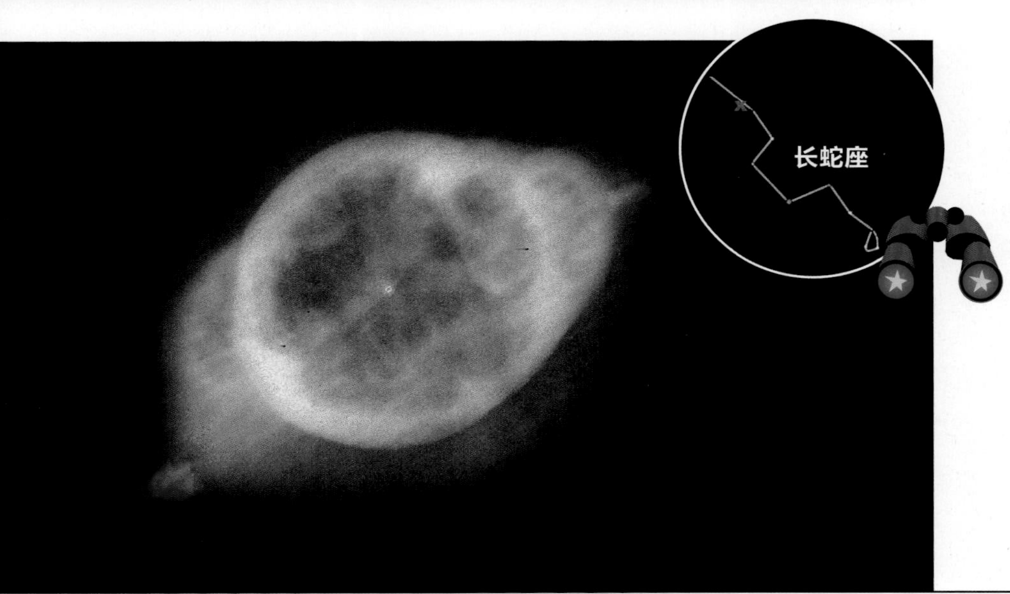

NGC 3242（左下图）位于长蛇座，外号叫“木魂星云”，因为用小望远镜看，它很像木星。但我们距 NGC 3242 约 1400 光年，远超过木星。它名字中的 NGC 代表星云和星团新总表（New General Catalogue）。这个表最初是在 1888 年编制出版的，包含几千个天体。随着观测手段和分类方式的愈发完善，1988 年它出版了新版本，现在可以在网络上下载。

巨型恒星的死亡

与像太阳这样中等质量的恒星相比，巨型恒星的死亡过程十分震撼。它实际上是自我毁灭的。

一旦大质量的恒星耗尽了核心的氢，引力将压缩核心，使密度和温度不断升高，从而引发氦聚变，生成碳和氧。这时恒星就成为红超巨星。接着碳和氧聚变成硫、镁、硅和更重的元素，直到最后产生铁。

铁的聚变需要吸收能量。由于没有能源使星体扩张，就没有足够的力与向内的引力抗衡，恒星的核心会因此突然发生坍缩。星体的外层快速下落，与内核碰撞后以极高的能量爆发。爆炸后的恒星就变成了超新星。

从氦到铁，产生于恒星内部的许多元素会散落到空间中，为下一代的恒星所用。我们骨骼中的钙和血液中的铁正是来源于远古的超新星。

左图中，一颗大质量的恒星爆发成超新星。这次爆发释放的能量将使它周围的行星变成不毛之地，留下一个死寂的世界。

超新星遗迹

大质量的恒星在爆发成超新星时，会在爆炸中将自己散射到宇宙空间中。超新星爆发抛出的气体在宇宙空间中的运动速度高达每小时几百万千米。

超新星爆发产生的冲击波会猛烈地冲击恒星在爆发前抛出的气体。冲击波将气体加热到几百万摄氏度，使它们能够发光。我们将这些发光的气体云称为“超新星遗迹”。

超新星遗迹非常炽热，而且发射高能量的X射线。探测和研究这些X射线需要特别的望远镜。

超新星遗迹也会发射可见光或可利用射电望远镜探测到的射电波。

创造者和毁灭者

超新星的冲击波既能撕裂星云，也能帮助恒星形成。被冲击波压缩的星际气体会聚集成团，并获得越来越多的气体，直到内部点火燃烧成为恒星。

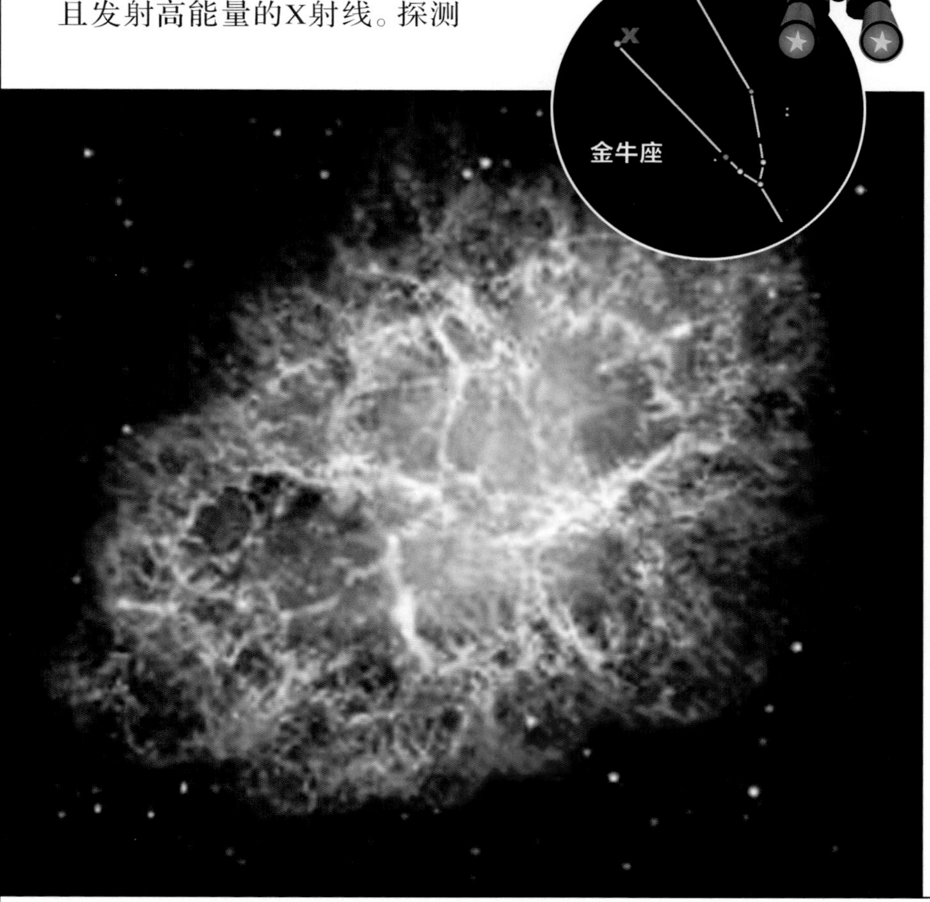

金牛座的蟹状星云或 M1（左图）是梅西耶星团星云列表中唯一的超新星遗迹。M1 源于 1054 年一颗恒星的爆发。这次超新星爆发的景象在中国和美洲都有记录。

自望远镜发明以来，在银河系内我们还没有观测到超新星爆发。下一个爆发的恒星可能是参宿四。在上图中，它是一颗巨大的红色天体（图上方朦胧的部分），正在吞噬附近的行星（图下方的半球）。

中子星和脉冲星

超新星爆发后的产物会成为黑洞（见112页）或中子星。

中子星实际上不是恒星。它更像一个巨型的原子核，大小有8~16千米，几乎完全由中子构成。正常的原子由三种粒子——质子、电子和中子组成。但超新星的原子核被挤压得异常紧密，使得质子和电子结合形成了中子。

由于在如此小的空间里塞进了这么多的物质，中子星的质量变得非常大，一块方糖大小的物质重达10亿吨。

脉冲星

有些转动的中子星发出的射电波束，像灯塔或探照灯的光一样扫过宇宙空间。如果射电波恰好经过地球，每当它扫射而过时，我们就能探测到脉冲信号。我们将产生这些信号的中子星称为“脉冲星”。

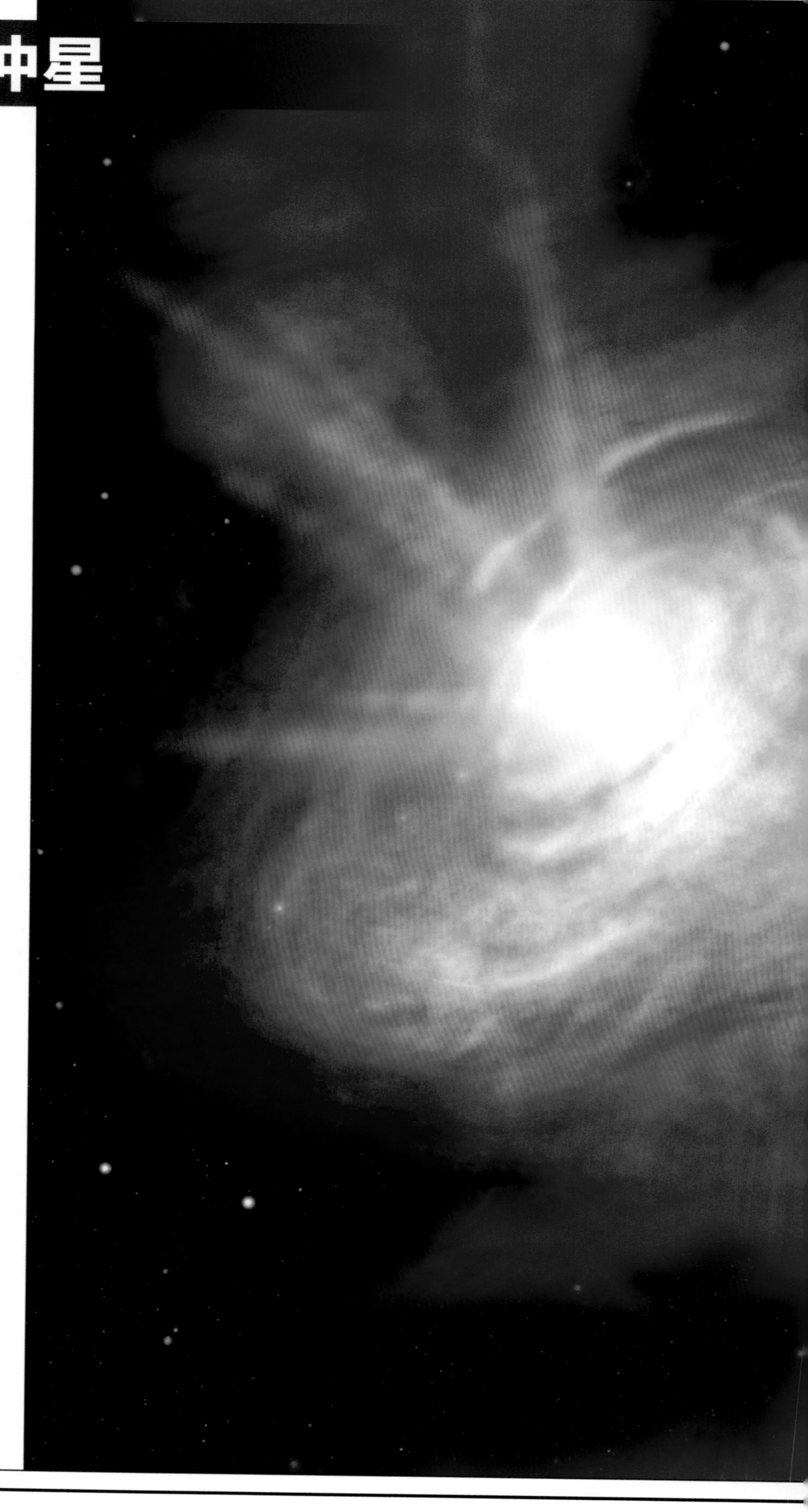

如右图（左侧）所示，蟹状星云的中心充满了巨大的能量。热气体绕着一个致密的脉冲星打旋。这颗脉冲星是一颗大质量的恒星的残骸。

“外星人”的信号

天文学家一开始并不知道脉冲星的存在。1967年，英国剑桥大学的天文学家杰瑟琳·贝尔发现了一个来自外太空的奇怪射电信号。它大约每秒闪烁一次。她开玩笑地称它为LGM-1，即“小绿人”。

没人真的认为这个信号是“外星人”发出的，但天文学家也不清楚它到底是由什么产生的。之前我们从没有在银河系中发现过稳定的脉冲信号。

之后不久，一位天文学家通过计算发现转动的中子星可以产生射电脉冲。

当恒星的核心坍缩时，脉冲星的强磁场俘获了逃逸的电子。这些带射电波的电子被磁场约束在一起，向外发射一束束射电波。当脉冲星旋转时，一束束射电波会不断地扫过周围空间。

自第一颗脉冲星被发现以来，已经有超过1000颗脉冲星被观测到。它们当中有些转得特别快，每秒钟闪烁几百次。

天文学家已经发现了一颗周围有3颗行星绕转的脉冲星。这些行星寒冷且荒芜，被强烈的辐射包围着。我们可以肯定，没有“小绿人”生活在那里。

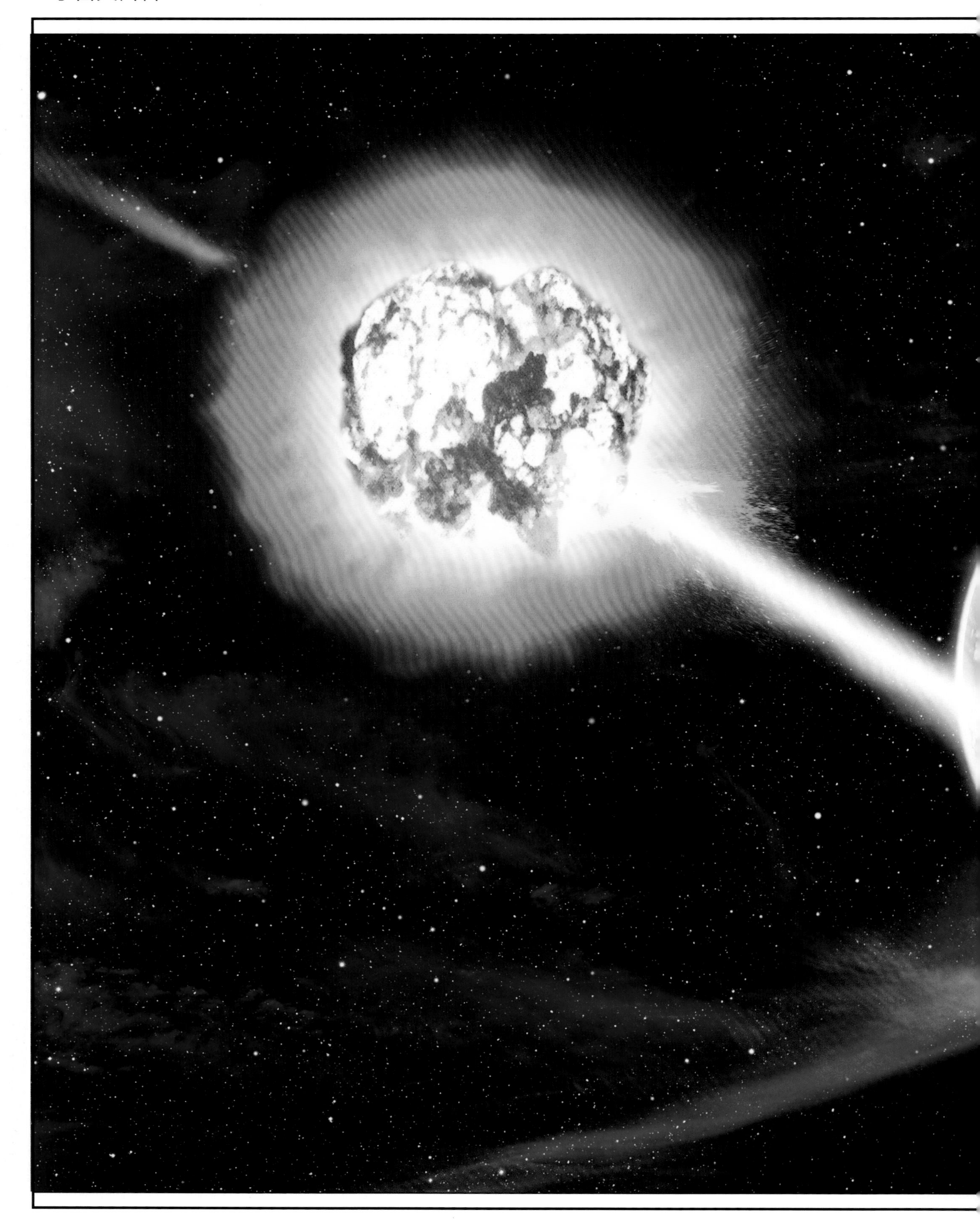

伽马射线暴

威力巨大的超新星的形成不仅仅宣告恒星的死亡，而且还会产生大量高能的伽马射线暴。伽马射线暴是宇宙中最剧烈的爆炸。它会在短时间内释放出巨大的能量，从而摧毁附近行星上的一切生命。

伽马射线暴被称为“黑洞诞生的第一声啼哭”。当大质量恒星的核心坍缩时，它可以形成一个黑洞。如果这颗恒星的自转速度很快，那么在新生黑洞的周围会形成快速转动的气体盘，盘中的部分气体会以锥形喷流的方式抛射出去。这些喷流来自垂死恒星内部的深处。它们将穿透并撕裂星体的其他部分。

伽马射线暴（左图）是宇宙中威力最强大的爆炸，中子星合并以及大型黑洞的形成都会引发伽马射线暴。在太空轨道中运行的费米伽马射线空间望远镜（上图）记录下了这些宇宙事件。

黑洞

黑洞特别像是宇宙中的一个洞。当一颗大质量恒星的核心坍缩，并将自身无限压缩后，新的黑洞就诞生了。

与宇宙中的其他天体相比，黑洞具有更强的引力。它像一个无底洞，吞噬任何靠近它的天体。

不同的黑洞质量不等。最小的黑洞质量大约是太阳质量的3倍，迄今为止科学家发现的最大黑洞的质量甚至达到了太阳质量的170亿倍。在星系中心的巨型黑洞可能因长期吞噬大量的气体而形成。

美国国家航空航天局的一架航天器已经发现银河系内的几千个黑洞候选体，实际数目会更多。距离我们最近的黑洞有1600光年之遥。

右图中来自黄色星球的氢气流向黑洞，并在它的周围形成一个盘。两道明亮的白色气体柱是在接近黑洞时，被它的磁场甩出而得以逃脱的气体。

掉进黑洞

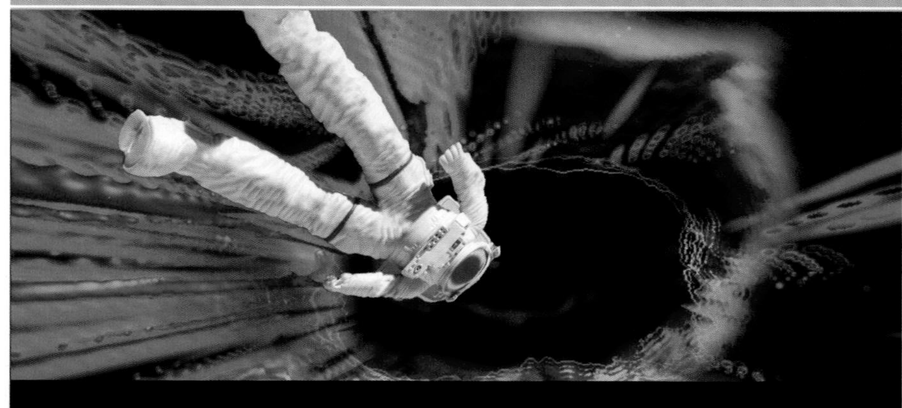

想象一下掉进黑洞时的情景。当你接近黑洞时，黑洞的引力会将你的身体拉长。之后引力会越来越强，你体内的原子会被拉扯得相互分离。这些原子被撕扯得四分五裂，变成越来越小的颗粒，直到什么都没有了。事实上，黑洞的威力远比你想象的惊人。

失败的恒星——褐矮星

在形成恒星的星云中，不是每个云团都能成为恒星。如果云团附近作为燃料的气体不够充足，云团就达不到足够高的密度和温度维持核聚变，就无法形成恒星。

太阳的质量约是木星的1000倍，质量最小的恒星只有木星的75倍。质量过小就会成为失败的恒星。天文学家称它们为“褐矮星”，但事实上它们既不是褐色的，也不是矮星。它们一开始会很明亮，之后会变得暗淡无比。

褐矮星还是行星吗？

天文学家正在讨论行星和褐矮星之间的差别。绝大部分天文学家认为小于13倍木星质量的是行星，而介于木星质量的13～75倍的是褐矮星。这是因为褐矮星的质量至少是木星的13倍，它才能短暂地聚变氢的同位素氘。行星则根本无法聚变成氢。

褐矮星看上去像一个发光的红色煤块（右图）。它是恒星的模仿者，却没有足够多的质量来维持核反应。因此，它注定要在几十亿年的时间中逐渐冷却，而围绕着它的行星也将无止境地处于冰冻状态。

行星是如何形成的

行星是恒星形成过程中的自然产物。恒星诞生于巨大的气体云和尘埃云之中。气体云和尘埃云在宇宙空间中旋转，逐渐变平，形成盘状旋涡，就像厨师在做比萨饼时搅拌面团一样。盘状旋涡的中心形成一颗恒星，而其他部分则形成行星。

在旋涡内，碳和硅的尘埃

碎块开始聚集成团。这些团块最终变得越来越大，成为一颗名为"原行星"的岩石天体。原行星相互碰撞，沾在一起成为行星。

太阳系内的小行星是残留的微行星，或早期太阳系内体积和质量较小的行星。木星的引力将它们搅动起来，阻止这些小行星沾在一起。天文学家已经有证据证明在其他恒星系统内有小行星的存在。

如果一颗类地行星长得足够大，那它就能吸引并俘获周围的氢气。这就是外太阳系中的气态巨行星会长得非常大的原因。

图片从左至右为我们展示了恒星和行星从气体云和尘埃云中诞生的全过程。当年幼的恒星聚合氢气时，剩下的岩石碎块相互粘连，最终这些团块岩石会长大成为真正的行星。图中，一颗彗星正向它们飞驰而来。

其他的世界

直到1992年，天文学家才发现太阳系外的行星。他们探测到900光年外3颗和地球一般大小的行星。这些行星绕着号称“死亡之星”的脉冲星旋转，而非绕着正常的恒星旋转。

1995年，瑞士的天文学家发现了第一颗围绕正常恒星旋转的行星。这颗行星被命名为“飞马座51b”。它的质量约为木星的二分之一，与木星不同，其轨道与恒星的距离比木星与太阳的距离近得多，轨道周期仅为4天。

自发现飞马座51b以来，天文学家已确认了900多颗围绕其他恒星运转的行星，其中包括“热木星”。有些热木星非常奇怪，例如“蓬松行星”这种热木星的质量和软木塞一样轻，有的热木星则是一片漆黑。

目前发现的大多数系外行星看起来无法支持类地生命的存在。它们不是太热就是太冷，暴露在致命的辐射之中，或者绕行其恒星的轨道冗长而怪异。不过也有几颗行星可能有存在生命的希望。位于距离我们大约600光年之外的行星开普勒22b就是一个比地球大的“超级地球”，它环绕着一颗类太阳恒星公转，似乎有机会成为生命的栖息地。

天文学家甚至在太阳系附近找到了一颗行星，它围绕着半人马座α星运行。半人马座α星是距离地球最近的恒星系统。

最近，天文学家发现了一颗与地球大小接近的行星，它围绕着半人马座 α 星B旋转。半人马座 α 星B是一颗离太阳很近的恒星。这颗行星尽管距离我们只有4.3光年，却和地球很不一样，它看起来就像是一个被熔岩覆盖的红彤彤的星球。

寻找行星

1. 摇摆恒星

行星的引力会对恒星产生影响，通过观察恒星摇摆，我们可以找到影响它的行星。

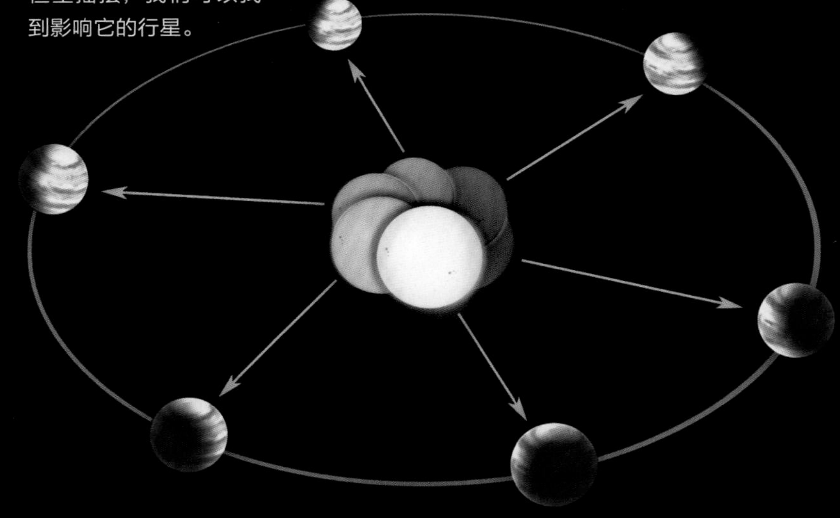

2. 掩食恒星的暗淡星光

当行星经过恒星时，观测者所看到的恒星亮度就会减弱。这种现象与日食相似。

发现太阳系外的行星十分困难。因为恒星非常遥远，行星小而暗淡，发现恒星旁的行星就像在聚光灯旁试图发现萤火虫。天文学家在近十几年才找到发现它们的方法。

由于观测恒星比行星容易得多，因此天文学家通过监测行星对恒星的影响来搜索它们。在已发现的900多颗行星中，大多数都是我们通过观测恒星的摇摆运动发现的。恒星和行星的运转都受到彼此引力的影响。在这场引力之舞中，前后摇摆的恒星会产生光谱，我们可以利用光谱仪（类似棱镜、将星光分解成多色谱的仪器）观测光谱的变化。飞马座51b就是这样被发现的。我们也可以直接在空中搜寻那些发生摇摆运动的恒星，但那样太困难了，因为恒星视位置的变化极其微小。

最近，行星搜寻者们通过掩食恒星导致恒星亮度略微变暗的现象（由于距离我们太远，行星只能遮掩恒星盘面的一部分）来搜索行星，取得了巨大成功。掩食搜索比通过“摇摆”搜索更容易，甚至能发现跟地球差不多大小的行星。

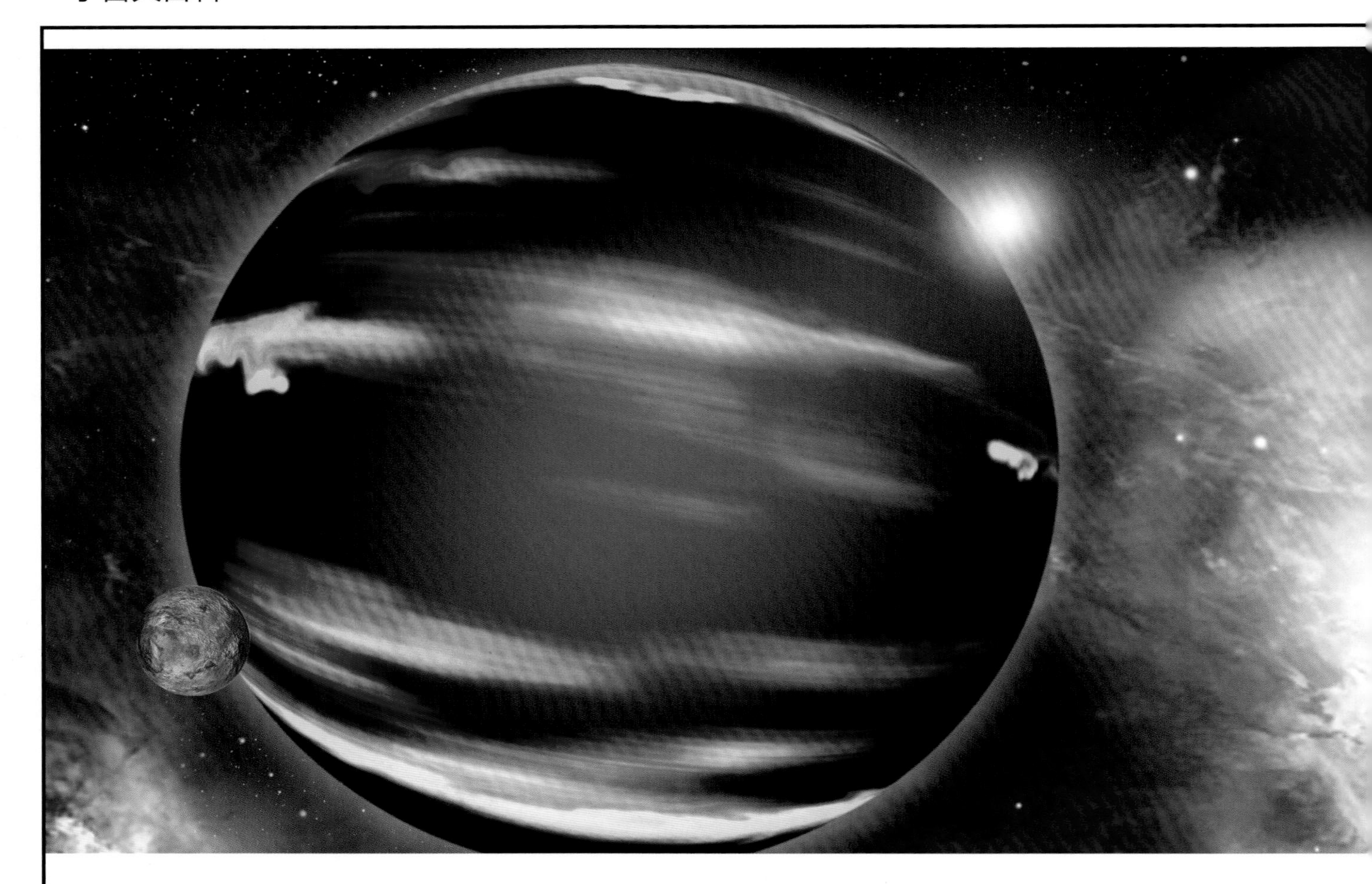

遥远的行星HD 189733 b（左图左边的大型天体）距离地球60光年，暗云层包裹着它，掩盖了它表面的细节，使它成为已知的最黑暗的行星之一。

从左图背景这颗气态巨行星Epsilon Eridani b的卫星（前景）上看，这颗行星正绕着一颗比太阳略冷的恒星运转。由于这颗行星距离恒星超过4.8亿千米之远，因此它和它的卫星温度都非常低，无法维持生命的存在。

球状星团

银河系和其他较大的星系都拥有一类特殊的星团——球状星团。在这些圆球状的天体群中，上百万颗恒星挤在直径短至数十光年、长至约200光年的空间中。如果说太阳生活在宁静的郊区，那么球状星团内的恒星就像生活在拥挤的市中心一样。

在球状星团中的行星上，你可以看到极其壮观的夜空。在地球上，我们凭肉眼只能看到几千颗恒星，而球状星团的天空中布满了几十万颗甚至更多的恒星。

这些星团包含了银河系中那些最年老的恒星，它们几乎跟宇宙存在的时间一样久。有许多老年的红巨星和死亡的白矮星存在于这些球状星团中。

球状星团从四面八方绕银河系中心转动，有些轨道处于银盘上方或下方很远的地方。天文学家哈罗·沙普利通过绘制球状星团图来计算银河系的大小和形状。他认为由于我们在某个方向比其他方向能看到更多的球状星团，所以我们必定位于银河系的一侧。

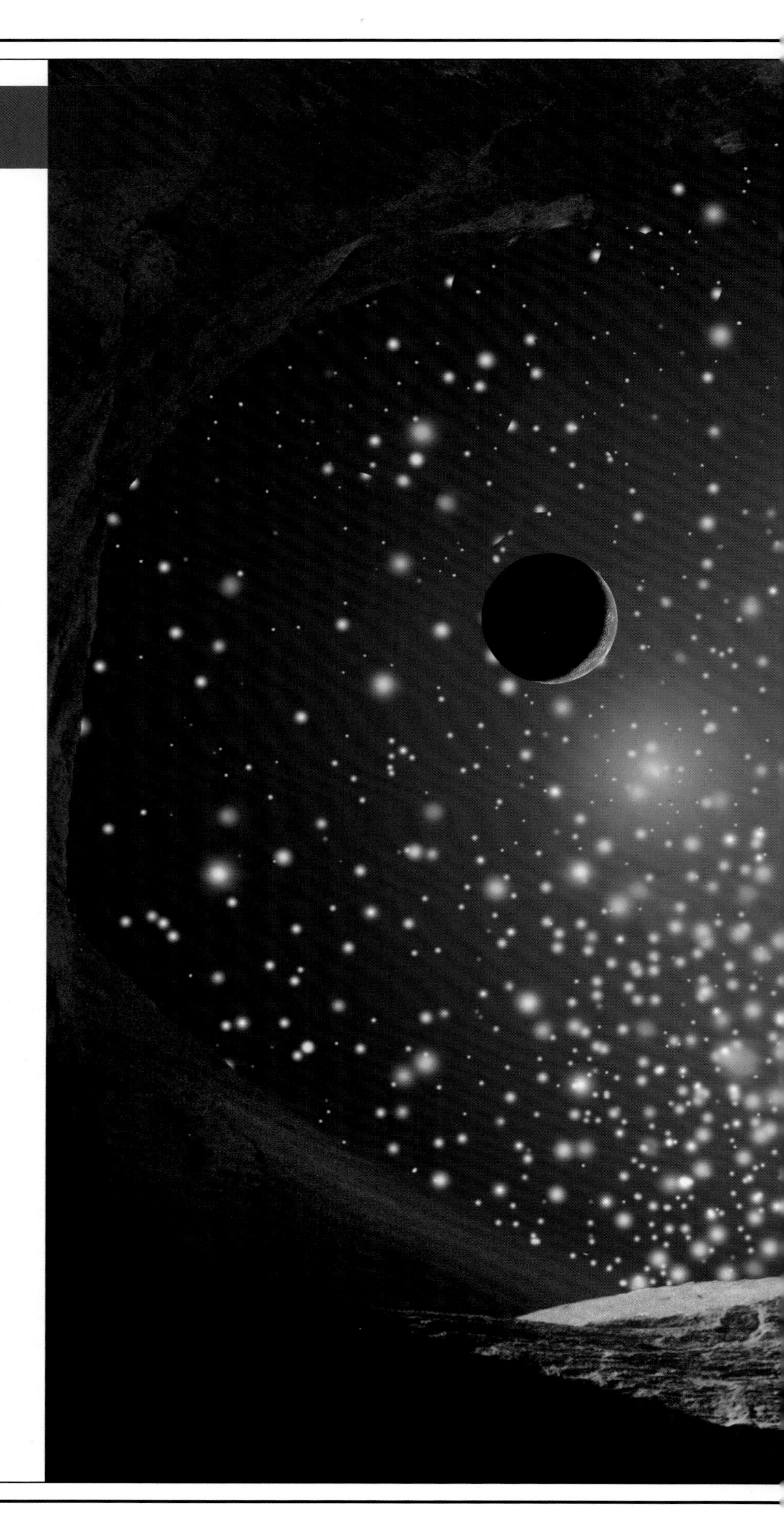

图中所展示的是我们从球状星团中一颗围绕着恒星旋转的岩石行星的洞中所看到的星空。附近的几千颗恒星照亮夜空，比从地球上看起来明亮许多。

有许多恒星密集地分布在球状星团中，因此，它们显得非常明亮，即使在很远的地方，我们也能看到。这使得它们成为许多天文爱好者特别喜爱的观测目标。在大型望远镜中，球状星团看上去像是许多恒星组成的一个巨球，其壮观的景象充满了整个目镜。

在低倍望远镜中，球状星团看起来更像毛茸茸的棉花球。它们也很像彗星。因此查尔斯·梅西耶的星表中记录了很多球状星团。

球状星团中的恒星非常拥挤，有时两颗恒星相互碰撞，会形成一个更大质量的恒星。它们呈现蓝色，温度极高，看上去比实际更年轻。由于这些恒星看起来比邻居衰老得更慢，因此，天文学家称它们为“蓝离散星”。

半人马 ω 球状星团（下图）是银河系中最大、最明亮的球状星团。它在一个150 光年大小的“球”内包含了几百万颗恒星。观测半人马 ω 球状星团的最佳位置是地球赤道附近。

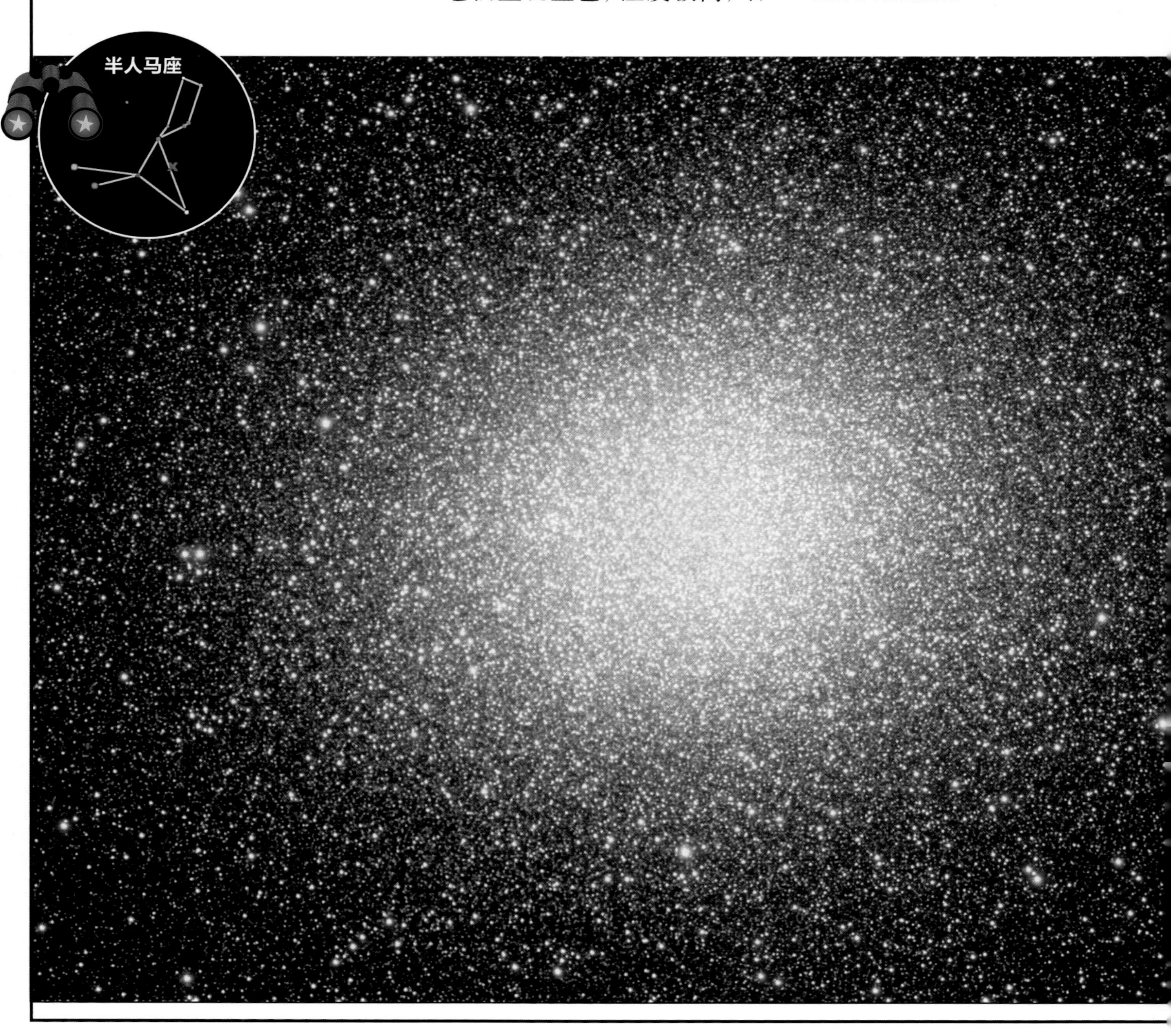

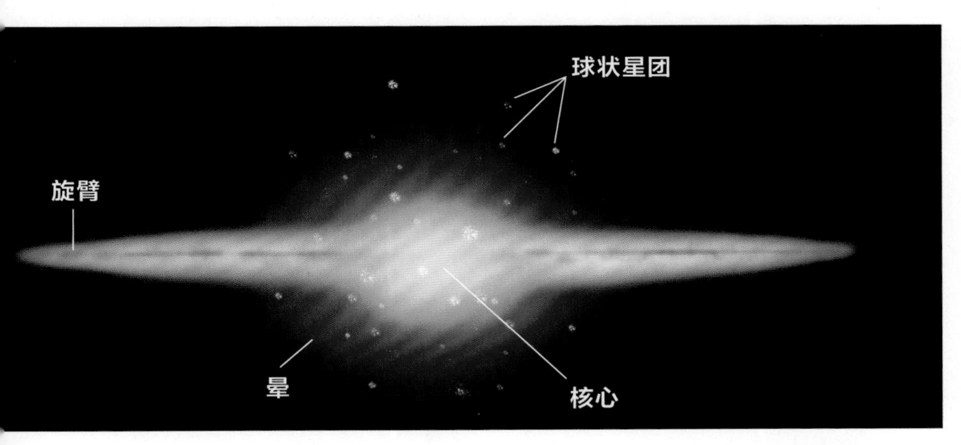

所有的旋涡星系周围都有一个球状星团组成的晕（左图）。球状星团中的恒星是星系在生长过程中最早形成的恒星。

站在北半球，我们可以看到武仙座球状星团（M13）的壮观景象（左图）。即使在 2.5 万光年以外，M13 依然十分明亮。1974 年，天文学家利用在波多黎各的阿里西波射电望远镜向它发射信号。如果那儿有外星人，那他们将在 2.5 万年后接收到这些信号。

球状星团 M2（左图）中的星体排列非常紧密，因此我们很容易从望远镜中看到它。它位于银河系中心的另一侧，与地球遥相呼应，距离超过 3.7 万光年。

不同类型的星系

宇宙里有几十亿个星系，每个星系有几千亿颗恒星。星系又分为很多类型，如旋涡星系、椭圆星系和不规则星系等。我们所在的银河系属于棒状旋涡星系，简称“棒旋星系”。所有的旋涡星系都有一个由恒星组成的盘。恒星聚集在卷曲的旋臂上，从星系中心一直延伸到边缘。有些星系中旋臂缠绕得比较紧，有些星系的旋臂则较松。

有些旋涡星系只是一个盘，像薄饼一样扁平。有些星系，包括银河系，中心有一个巨大的恒星球，称为“核球”。核球通常由年老的恒星聚集而成，而较年轻的恒星则位于薄

上图呈现了不同类型的星系。这个椭圆星系呈独特的橘黄色，因为它主要包含年老的红色恒星。与旋涡星系不同，椭圆星系几乎没有什么尘埃。

在这个旋涡星系中，年老的恒星聚集在中央核球处，年轻的恒星呈蓝色，位于盘和旋臂上。图上的暗斑是星际尘埃团遮掩了星光的地方。

这个不寻常的星系介于旋涡星系和椭圆星系之间，同时具有两者的特征。它有扁平的旋涡形态，但颜色和缺乏尘埃的特点更接近椭圆星系。

盘上。棒旋星系在星系的中心有一个棒状的或长方形的恒星集团。旋臂从棒的两端而不是星系中心向外延伸。天文学家认为，当星系受到旁边其他星系的引力扰动，或相互碰撞时，星系棒才有可能形成。

银河系是棒旋星系。但从地球上看过去，我们的视线几乎是顺着棒的方向，因此我们很难看清它的模样。

另一种常见的星系是椭圆星系。椭圆星系只有核球，没有盘。它们可以是球形、橄榄球形，或者介于两者之间，往往只由年老的恒星组成。

还有一种星系没有确定的形状，因此称为“不规则星系”。我们的近邻麦哲伦云就是不规则星系。在宇宙的早期形成的第一代星系也是不规则的。

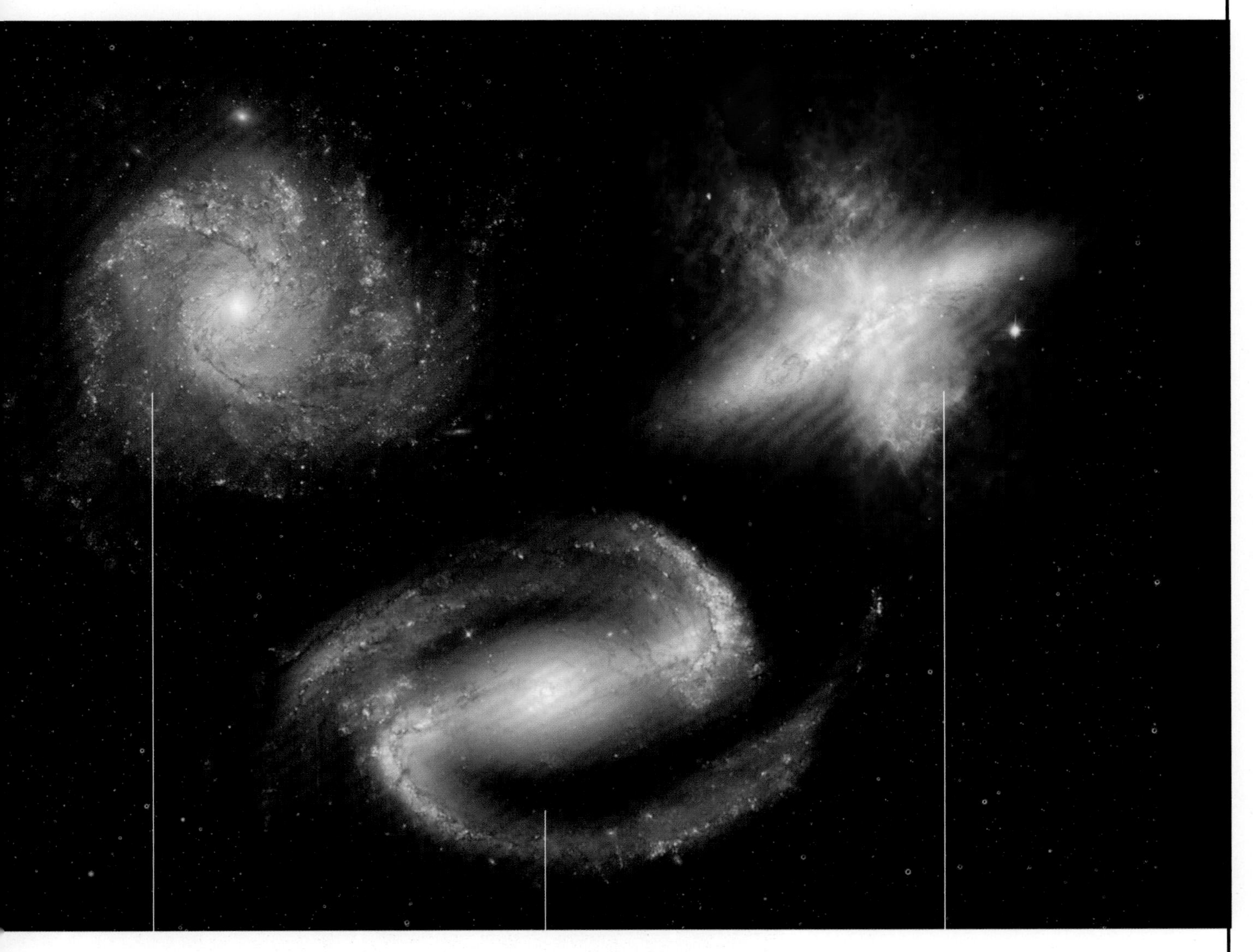

星系的正面呈现出拖曳旋臂图样。与它的盘相比，这个旋涡星系的核球显得非常小。

这个棒旋星系看上去被紧紧地缠住了。在过去某个时间，另一个星系可能在附近经过，把它的一些恒星和气体吸走了，因此，这个棒旋星系就变成了扁平的反“S”形状。

不规则星系没有旋涡星系和椭圆星系那样规则的形态。在这幅合成的照片中，绿色表示恒星，蓝色和红色则是星系中被抛到星系际空间的炙热气体。

我们的邻居

离银河系最近的大星系是仙女星系，也叫“M31”。仙女星系的大小是银河系的两倍多，像是银河系的大姐姐。银河系的直径约为10万光年，有大约4000亿颗恒星。相比而言，仙女星系直径约26万光年，有约1万亿颗恒星。

银河系的另一个近邻是三角星系，又称“M33”。M33是兄弟姐妹中发育不良的一个，直径只有约5万光年，包含大约1000亿颗恒星。与很多星系不同，M33的中心没有巨型黑洞。

在20世纪20年代之前，天文学家一直认为M31和M33是我们附近的气体星云，属于银河系的一部分。后来埃德温·哈勃发现它们是与银河系不同的星系。由于它们都向着银河系运动，这三个星系最终将会相撞，它们的恒星将一起组成一个大星系。我们把为这个新星系命名的任务留给未来的天文学家！

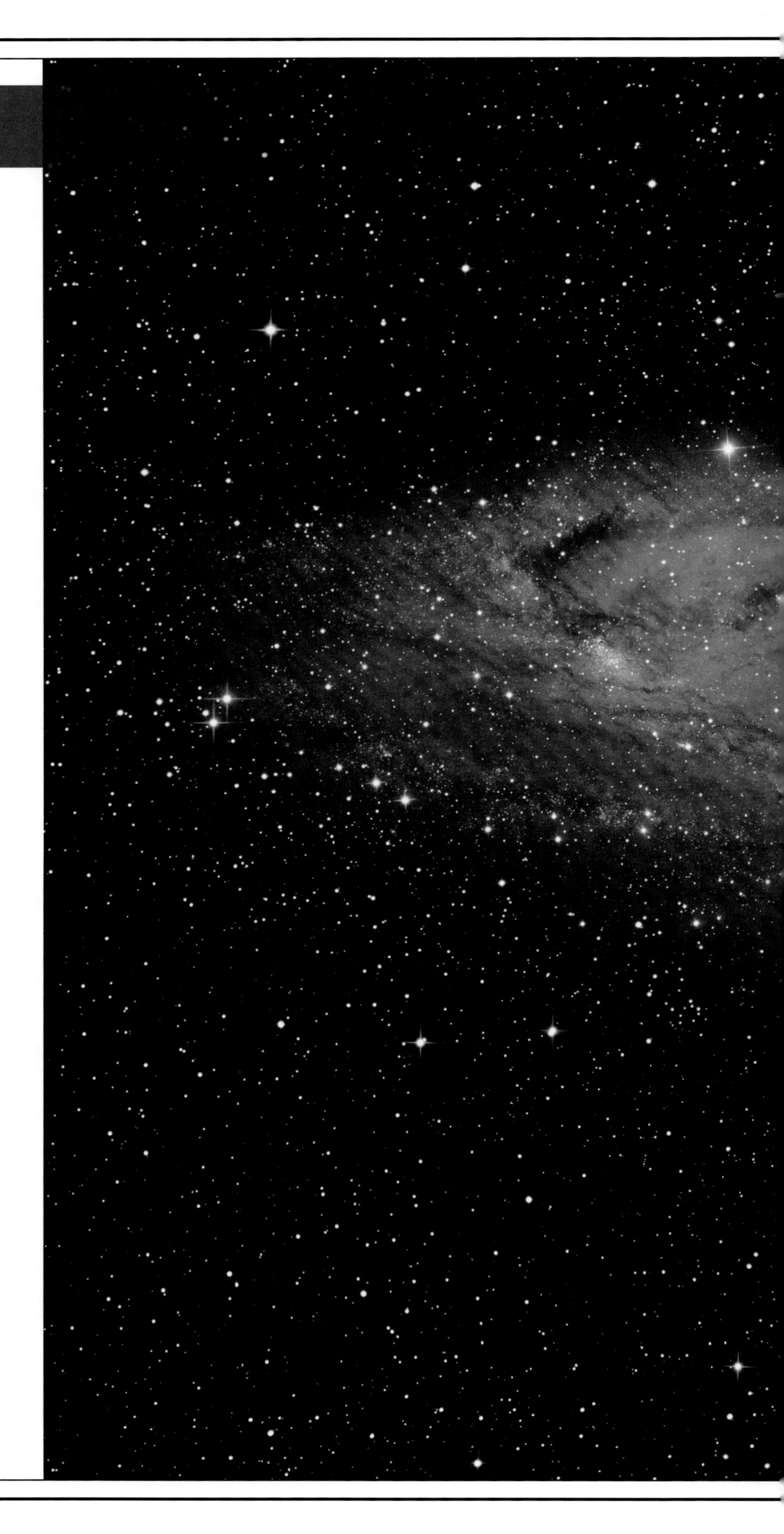

在黑暗的环境下，我们可以凭肉眼看到仙女星系。这张通过低倍望远镜长时间曝光得到的照片展现了仙女星系的璀璨的全貌。

碰撞星系

相比恒星的大小，恒星之间的距离非常遥远，因而相互碰撞的机会很少。而就星系的体积来说，星系之间的距离就近许多，所以经常发生碰撞。过去的宇宙更小，星系之间相距更近，碰撞也更加频繁。

星系碰撞时会发生各种奇异的事件。有时一个小星系从一个大星系的中心穿过，留下一个洞和包围着它的恒星环，形成了一个环状星系。有时一个大星系会吞噬掉一个小星系，毁灭掉小星系曾经存在的所有证据。

目前，银河系正在吞噬至少一个矮星系。与地球相对应的银心的另一边，人马座矮椭圆星系正落入银盘，被银河系的强引力撕碎。最终人马座矮椭圆星系的恒星将成为银河系的一部分。

两亿多年前，M32是一个较小的星系，它穿过了仙女座星系的盘。由此产生的星际尘埃波动像池塘中的涟漪，波及了整个星系。虽然M32在这次碰撞中幸存了下来，但终有一天它会被仙女座星系吞噬掉。

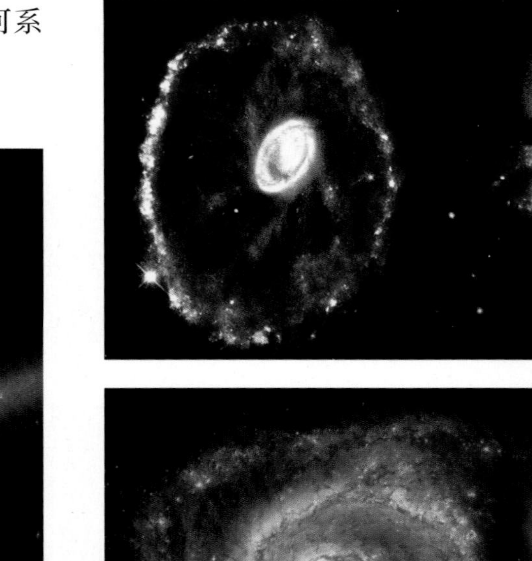

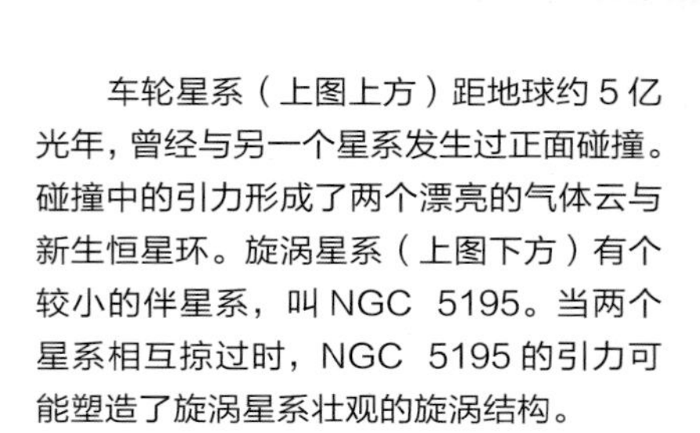

车轮星系（上图上方）距地球约 5 亿光年，曾经与另一个星系发生过正面碰撞。碰撞中的引力形成了两个漂亮的气体云与新生恒星环。旋涡星系（上图下方）有个较小的伴星系，叫 NGC 5195。当两个星系相互掠过时，NGC 5195 的引力可能塑造了旋涡星系壮观的旋涡结构。

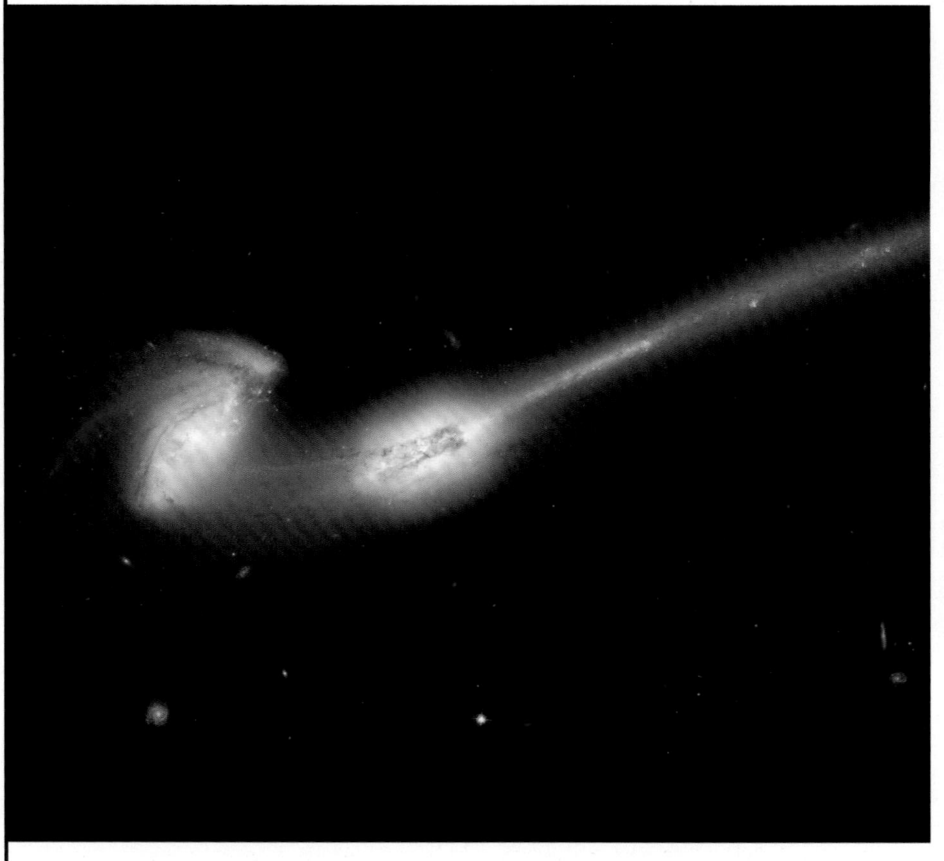

哈勃空间望远镜捕捉到两个星系，它们看上去像是两只正在玩游戏的老鼠（上图）。由于碰撞时，抛出的恒星和气体组成长长的尾巴，这两个相互碰撞的星系被戏称为“两只老鼠”。它们距地球 3 亿光年。

当两个大小相当的星系相互作用时，引发的结果会更让人吃惊。星系在高速绕转时，受引力的影响，会抛出像鞭子一样围绕着它们的恒星流。星系中气体云相互融合，促使恒星形成。

在相互碰撞的星系中，恒星形成的速度要比在像银河系这样宁静的星系中快上百倍。然而，这些恒星的生命十分短暂。在那里，每隔几年就有一颗恒星发生超新星爆发，而在银河系内平均每一百年才发生一次超新星爆发。天文学家将碰撞后发生星暴的星系称为“超新星工厂”，因为它们产生超新星的速度太快了。

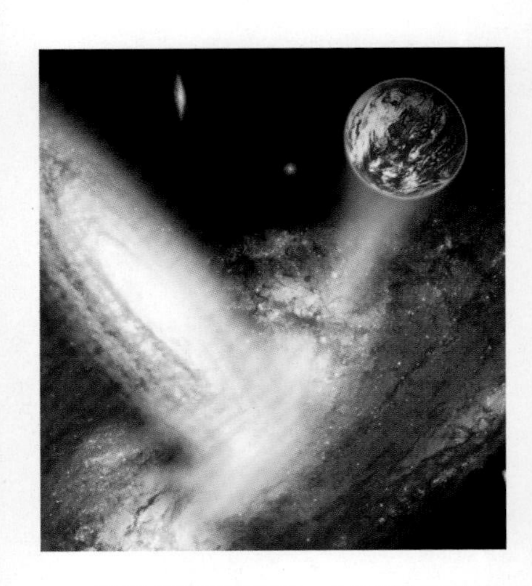

当星系互相撞击时，会产生各种混乱的碰撞、破坏及瓦解。后果之一是行星会被抛射到太空中（上图）。没有恒星温暖着它们，这些变成孤儿的行星只能独自在太空中闯荡了。

银河系和仙女座星系

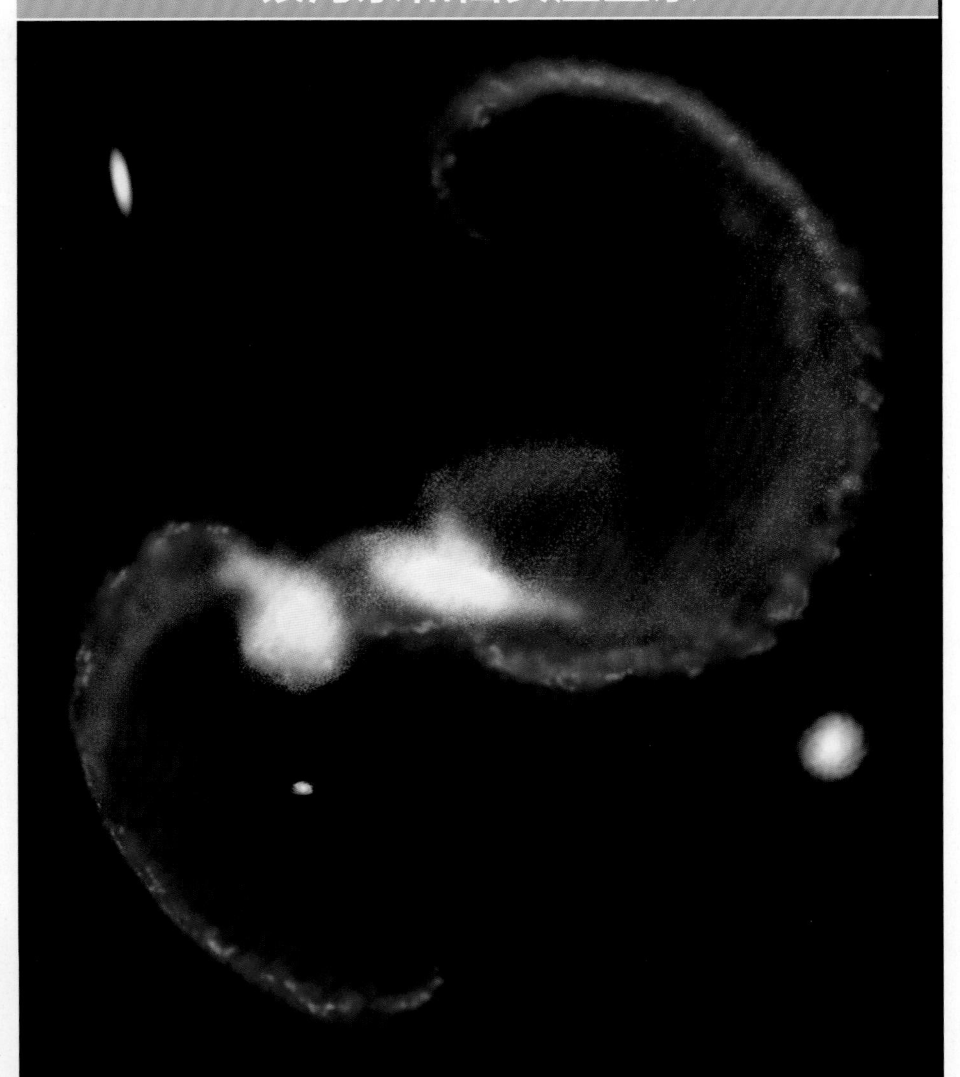

银河系和仙女座星系正以每小时 48 万千米左右的速度相互靠近。再过几十亿年，这两个星系将猛烈撞击（见上图），形成一个橄榄球形的椭圆星系。

由于银河系和仙女座星系都很大，它们的碰撞将会异常壮观，导致更剧烈的“毁灭”，就像两辆卡车相撞会比小汽车与卡车相撞产生更严重的破损。

当这两个星系的引力相互作用时，有些恒星将被抛出，逃逸到星系际空间。还有一些恒星将从星系的外围冲向核心。原来在盘上做有规则的轨道运动的恒星将被急速发送到更远的轨道上。

当银河系和仙女座星系碰撞时，太阳将演化成一颗白矮星。

在银河系和仙女座星系中，有大量的气体可以形成新的恒星。当两个星系碰撞时，最有可能发生的是星暴，几千个新的恒星和行星系统将随之诞生，年老的恒星将被抛离星系。许多新生的恒星很快会死亡，产生超新星。在膨胀后形成的新星系将持续几百万年的活跃状态。

麦哲伦云

麦哲伦云其实并不是云，它们是银河系的两个伴星系。麦哲伦云处于南天银河附近，在北半球我们根本看不到它们。因此在费迪南德·麦哲伦进行环球航行之前，它们对生活在北半球的我们而言完全是未知的天体。

1519年，麦哲伦率领两百多名船员从西班牙扬帆出发，打算环球航行。麦哲伦在途中死亡，但在1522年有18名船员安全返回，并带回了他们对南半球天空的观测记录。欧洲的天文学家利用船员的记录制作星图，并将其中两个天体以麦哲伦的名字命名，一个是大麦哲伦云，另一个是小麦哲伦云。

关于麦哲伦云

尽管麦哲伦云看起来像天空中发光的云朵，但实际上它们是不规则星系，因银河系的引力而扭曲变形。

天文学家曾一度认为麦哲伦云是银河系永久的伴侣，会永远绕着银河系转动。但现在他们认为这个伴侣可能只是“过客”。

大麦哲伦云距离地球约16万光年。它的直径大约是银河系的二十分之一，恒星数目约是银河系的十分之一。小麦哲伦云距离地球约20万光年，直径大约为大麦哲伦云的一半。

超新星1987A

1987年2月，天文学家在大麦哲伦云中发现了一颗爆炸的恒星。它是当年发现的第一颗超新星，所以被命名为"超新星1987A"。这是自望远镜发明以来人们发现的距离地球最近的超新星。

在超新星1987A最亮的时候，它的光度达到太阳的10亿倍。尽管它非常遥远，但我们凭肉眼也能看到。随着时间的推移，它慢慢变得暗淡，现在我们只有在望远镜中才能看到它。

超新星1987A的残骸形成了超新星遗迹。天文学家搜索了这个遗迹，寻找爆发后可能产生的中子星，但没有找到。因此，天文学家推测这次爆发产生的可能是一个黑洞。

当麦哲伦航行到南半球时，他的船员发现了两个在欧洲从未见过的天体（图中右上方）。麦哲伦利用这两个天体当导航，但没有意识到它们是银河系的伴星系。

星系团的空间分布

背景中发光的条状物是原始星系，而大多数现代星系在彼此引力的相互作用下，聚集在一起形成了庞大的宇宙墙。越遥远的星系，颜色就越红，这一规律能帮助天文学家在可见的宇宙中测量距离。

天文学家曾经认为星系是随机地分布在宇宙中的。当他们开始仔细绘制星系分布图后，结果让人大吃一惊。

1989年，天文学家玛格丽特·杰勒和约翰·修兹劳宣布，星系的空间分布不是随机的，而是聚成庞大的结构。他们测量了几十个星系后发现，这些星系在大约相同的距离上连成一线，构成了一条“长城”。之后，天文学家还发现了许多“城墙”形分布的星系。

宇宙刚开始时是非常平的，物质几乎均匀地分布在整个空间中。在过去的138亿年里，引力将物质拉到一起。今天，在近距离宇宙里，物质的分布是成团的。

银河系是一个星系群的成员之一，这个星系群被称为“本星系群”。仙女座旋涡星系、M33、麦哲伦云和大约30个矮星系目前都属于本星系群，银河系和仙女座星系是其中最大的两个成员。

哈勃超深场

天文学家在2004年公开了截至当时曝光时间最长的宇宙空间照片。哈勃超深场为我们呈现了一个相当于满月十分之一直径大小的天区（视场），比伸直了胳膊去看的手中的一粒沙子还小。它需要的总曝光时间长达11.3天，展示了肉眼能见度的100亿分之一的暗弱天体。

这里的“深”是指太阳系外的空间区域。从照片上看，有些星系非常暗淡，因为它们离我们约130亿光年。这意味着我们看到的是130亿年前的它们，那时宇宙还很年轻。

哈勃超深场中大约有1万个星系，有些是与近邻星系相似的旋涡星系和椭圆星系，但大多星系的形态比较古怪。这些星系正处于发育的幼年时期。

2012年，天文学家又公布了哈勃超深场的照片，将哈勃空间望远镜在10年时间里为天炉座中一小块区域所拍摄的照片都汇集在一起，在詹姆斯·韦伯空间望远镜发射以前，哈勃超深场将一直是我们所能看到的早期宇宙的最远景象。

这张令人惊叹的照片（左图）是对哈勃空间望远镜（左图右下角）在4个月内拍摄的数百张照片进行处理和组合后得到的。它包含了约1万个星系，每个星系约有2000亿颗恒星。

我们自以为了解宇宙，实际上只是略知皮毛。宇宙中有将近六分之五的物质是看不见且未知的。天文学家希望能够打开通往暗物质之谜的那扇大门（左方示意图）。

暗物质

看见遥远星系的光芒对天文学家而言是一项伟大的成就，不过，他们还面临着一个更为困难的问题："看见"黑暗。从20世纪30年代起，科学家就知道宇宙中存在着不可见的物质，它的引力吸引着可见物质。然而，没有人知道这种被命名为"暗物质"的物质究竟是什么。试图解开这个谜团是现代天文学中最重要的课题之一。

有些科学家认为，暗物质这种神秘物质可能是由大块、大质量的黑暗物质构成的，比如暗淡无光的褐矮星。这类物体被称为"晕族大质量致密天体"（MACHOs）。但是，大多数科学家认为暗物质很可能是由大量微小的亚原子粒子组成的，这种粒子被称为"大质量弱相互作用粒子"（WIMPs）。科学家正利用大型精密探测器寻找这种粒子。不过，到目前为止，暗物质的真身依然是个谜。

在研究包括银河系在内的旋涡星系时，天文学家的确发现了暗物质的线索。转动的星系就像旋转木马，其转速取决于星系的质量和所处的位置，星系中心和星系边缘的转速是不同的。

天文学家迄今为止所研究过的所有星系，其转速都比预计的要快。按理说它们应该会因此飞散开来——里面的恒星应该会像骑在飞快旋转的木马上而没有抓住扶手的乘客一样被甩出去。然而这些星系没有这样，所以必定有一股强大的引力将其维系在一起。这股引力就来自看不见的暗物质。

暗物质的存在还有许多其他证据。其中一个就是星系团有很热的星系际气体。这些高温气体本应像茶壶中的蒸汽一样逃逸出去，但暗物质用引力圈住了它们。

2006年，科学家发现了暗物质存在的最有力证据。他们研究了一对碰撞星系，发现气体和恒星聚集在一个地方，而最强的引力集中在另一个地方。这次碰撞将可见物质和暗物质分别拉向了相反的方向。

另外，宇宙中的物质成团现象也反映了暗物质的存在。没有暗物质额外的引力，可见物质无法相互吸引而形成星系和星系团。从某种意义上说，我们自身的存在也许本质上也要归功于那些看不到的东西。

加速膨胀的宇宙

为了理解宇宙的加速膨胀，你得先知道宇宙的诞生来自大爆炸。这不是将原子和能量抛散到空间的普通爆炸，而是空间自身的爆炸。它从虚无中产生了空间，并且还在不断创造新的空间。

当我们说宇宙膨胀时，是指空间本身在膨胀。星系相互远离，并不是因为它们在空间里飞驰，而是它们之间的空间在扩张。一个星系就像站在自动扶梯上的人，扶梯的运动导致了人的运动。

震惊！

天文学家原来认为自大爆炸以来，宇宙中正常物质和暗物质的引力会导致宇宙膨胀的速度逐渐减慢。唯一的争论是宇宙膨胀的速度是将不断减慢直到停止，之后宇宙开始收缩，还是将持续减慢，没有终点。

1998年，科学家有了惊人的发现，两个研究遥远超新星的小组发现这些恒星的爆发比预期的要暗。由于光源离得越远，光就显得越暗，这说明这些超新星比原来估计的更远。因此宇宙的膨胀必定比科学家预计的更快。

暗能量

事实上，科学计算表明宇宙不仅比我们想象中膨胀得更快，而且在不断加速膨胀。这其中一定有什么东西在推动着宇宙。天文学家将这种神秘能量称为“暗能量”。它的作用与引力相反，推动物体相互分离。

没人知道暗能量是什么，但许多科学家在试图回答这个问题。迄今为止所知的是，暗能量似乎是空间本身的某种属性。宇宙膨胀产生的空间变得越大，暗能量就增加得越多，产生的加速宇宙膨胀的“推力”就越大。

不管暗能量是什么，它产生的影响将决定宇宙的命运。

被科学家称为暗能量的神秘能量正在使宇宙加速膨胀。星系以越来越快的速度相互远离。（右图）

宇宙将如何终结

由于宇宙膨胀速度越来越快，所有的天体都离得越来越远。直到某一天，我们最近的邻居也将离去。但在这之前，银河系和仙女座星系将发生碰撞。几十亿年后，它们将合并形成一个新的星系，俘获并吞噬掉周围所有的小星系。更远的星系将逃离我们的视线，留下唯一可见的星系就是我们自己。

我们的星系将稳定而缓慢地暗淡下去，它将用尽可以形成恒星的原料。所有能形成恒星的气体或是像中子星一样被封锁在死亡的恒星残骸中，或是弥散在宇宙空间中，无法聚集成团形成新的恒星。

新的恒星将不再产生，旧的恒星将燃烧殆尽，直至死亡。

数十万亿年后，所剩的只有黑洞、中子星和寒冷的黑矮星形成的星系，它们也将逐渐冷却消逝。

几百亿年后，像太阳这样的恒星已经死亡，只留下可以活得更久的暗淡红色恒星。它们微弱的余光给渐渐冷寂的世界带来了些许温暖。

其他的宇宙

天文学家讨论的宇宙是可观测的宇宙，即可以被我们看到或利用仪器探测到的一切。但如果有一个更大的我们观测不到的宇宙，它会是什么样呢？

借助于数学，我们不仅可以想象，还可以细致地描绘出具有不同物理规律的宇宙。这可不是毫无意义的猜想，其他的宇宙可能确实存在着。

为了更好地理解这个疯狂的想法，我们首先要思考一下什么是宇宙的维数。根据我们日常的经验，一维是空间中的一个方向。我们生活在三维世界里，能够上下、左右、前后移动。

爱因斯坦指出时间是另一个维数，与其他三维永不可分。过去和未来就是第四维。因此，

天文学家对宇宙的形成各持己见。有些人认为宇宙可以从黑洞中突然形成（下图）。如果这个猜想正确的话，那么可能有其他几千个我们无法探测的宇宙。

物理学家将宇宙的结构描述为四维时空。

有第五维吗?

最近，物理学家开始设想世界可能存在着比我们熟知的四维时空更多的维数。每件事物的本质可能都涉及许多维，但我们无法感知其他维数。

我们就像在一个巨大的热气球表面爬行的蚂蚁。蚂蚁感觉到的只是平坦的二维结构，在它们目力所及的范围内向各个方向延展。我们感觉到四维时空向四面八方延展，但实际上可能存在着其他的维数。

科学家推测，可观测的宇宙可能是穿行于其他无法感知维数的四维膜。其他的膜或平行宇宙也可能存在。然而，我们可能永远无法同它们交流，更不可能拜访它们。

碰撞的膜

新的研究表明大爆炸可能发生在我们的膜与邻近的膜相互碰撞的时候。碰撞产生的热能推动了空间的膨胀，因而引发了大爆炸。要判断碰撞膜理论是否正确，我们还有大量的工作要做。

在这个想象的外星世界，生物无法像我们一样看到各种颜色，但它们能像红外相机那样感受到红外辐射。

我们孤独吗?

完美的世界

地球对于生命来说是一个完美的世界。但究竟是什么使它如此独特？实际上有多种因素。

首先，地球在一个距离太阳适中的轨道上绕太阳运转，所以它既不太热也不太冷，温度范围恰好可以维持生命生存，同时使得大部分海洋里的水既不会被永久冻结也不会沸腾。

其次，我们绕转的恒星很合适。有些恒星的寿命很短，没有多少时间供行星上的生命进化。有些恒星释放致命的辐射，使周围的行星和它们的卫星备受煎熬。我们的太阳长寿且稳定，是维持生命的理想恒星。

地球的大小也很合适。它的引力能够束缚住大气，不让其飘走。地球倾斜的自转轴还可以调节气候的循环变化。另外我们还有一颗卫星——月亮，可以稳定地球的转动。

最后，地球处于银河系一条旋臂的外围，可以躲开灾难性的爆炸。所有这些因素综合在一起，共同造就了我们所生活的完美世界。

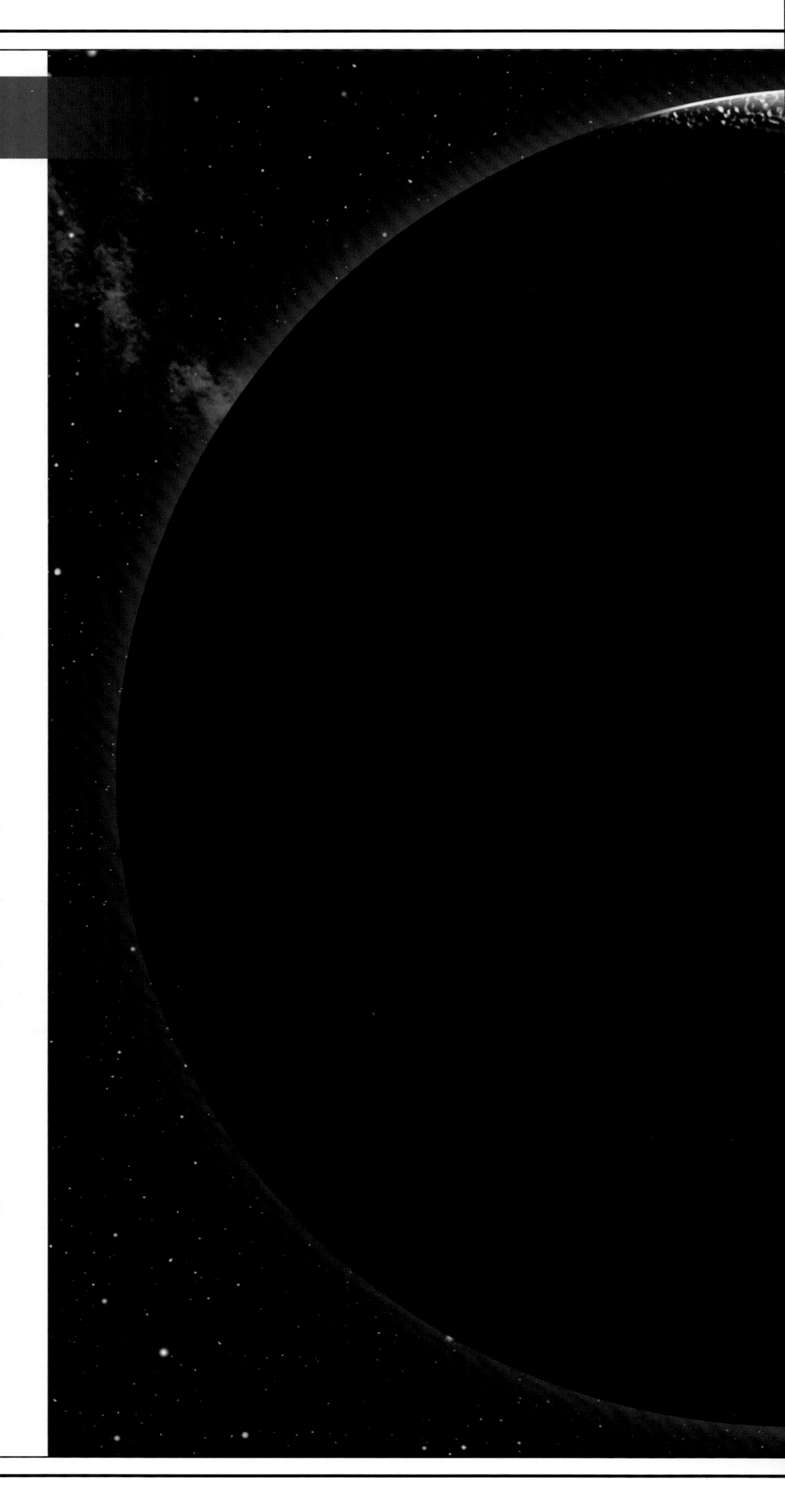

太阳光（图中地球的边缘）使地球拥有适宜的温度，利于生命的生存。月球帮助稳定地球的转动。木星保护我们免受小行星的撞击，它的引力会把靠近地球的小行星吸引过去。

生命是什么?

这看上去是一个很简单的问题。每个人都知道唱歌的小鸟是活物，而岩石不是。但当我们开始研究植物、细菌和其他古怪的微生物时，事情就变得复杂了。那么生命到底是什么呢?

绝大多数科学家认为，如果有东西可以自己移动，可以繁殖，形体随着时间逐渐长大，结构更加复杂，能够吸取养料、排出废物，并且对外界刺激（如阳光的增强、温度的改变或有人拿棍子拨弄它）有反应，它就是有生命的!

地球上有两种基本的生命形式。第一种生命我们非常熟悉。它们主要利用阳光作为能源，如动物和绿色植物。然而，在海洋深处和地壳下几千米的岩石中生存着另一种生命。它们不以阳光为能源，而是直接从周围的化合物中提取能量。我们不太熟悉这种生命形式，但它确实也是有生命的。如果在火星、泰坦或太阳系的其他地方有生命存在，那它们可能属于第二种生命。

为了了解生命组织是怎样工作的，我们不妨以它最简单的形式——一种叫链球菌的单细胞细菌作为例子。这些微小的生物有许多种类，有些与人类的

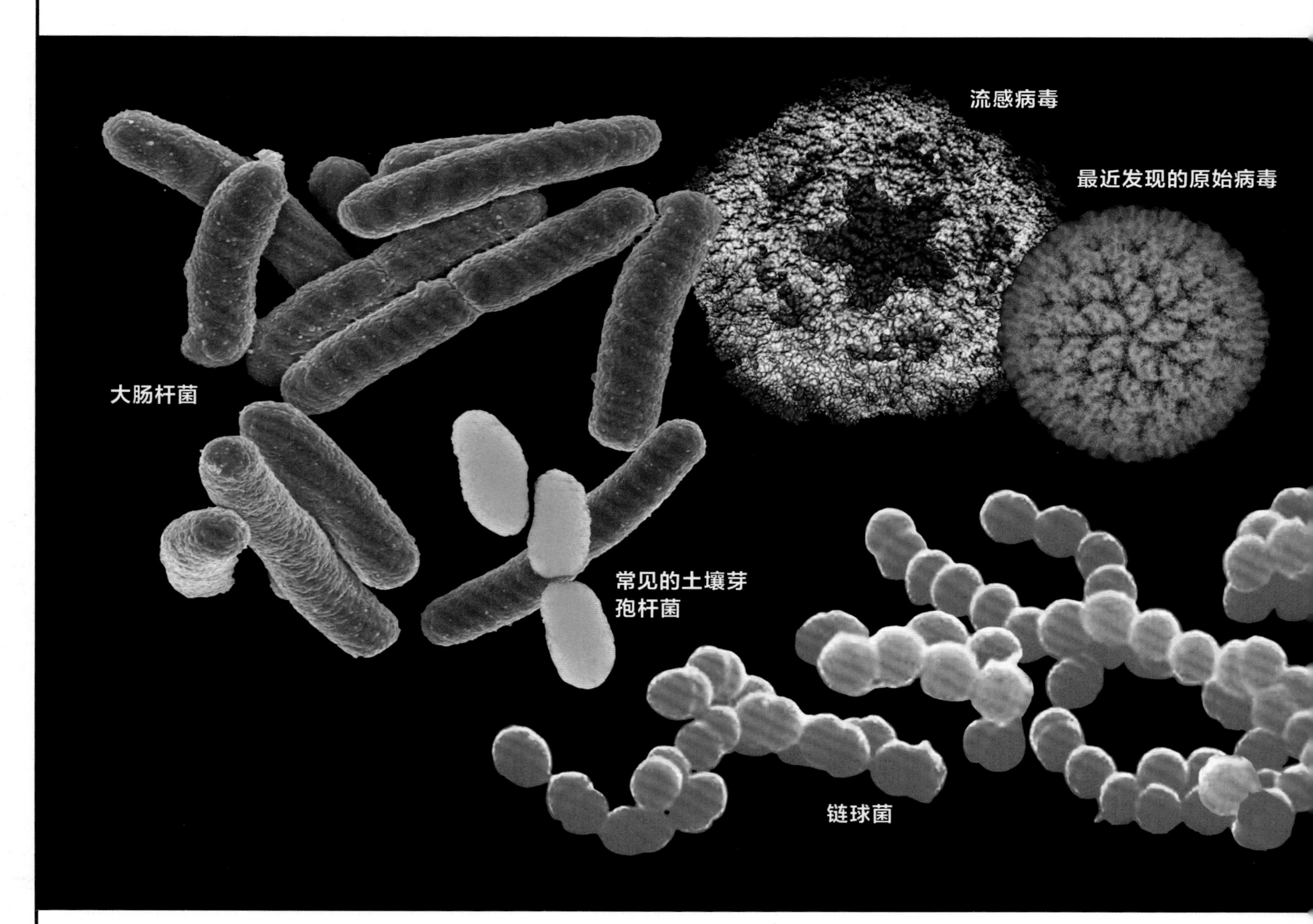

疾病有关。它们在我们体内排出的废物会导致我们生病或不舒服。

一个链球菌非常小，500多个加起来才有字母“i”上的一点那么大。在显微镜下放大1000倍后，它们看上去像被长长的丝连接着的小水球。与水球类似，它也有一个外壳。它的细胞膜和我们身体的皮肤差不多，将其体内的工作部件与外面的世界分隔开。在膜内，上千个不同形状和结构的分子漂浮在细胞液中。

这些细菌是我们所知的最简单的生命形式之一。它们没有运动器官、肺、大脑、心脏、肝脏，也没有叶子和果实。但是它们可以大量自我复制，通过产生长长的链式结构而变大，并能吸收养料、排出废物。此外，高温可以杀死它们。这就是为什么当你被链球菌感染时体温会升高，因为身体正在抵御它们的侵略！

但在这个细小的生命形式中，哪些部分是活的呢？更令人困惑的是，一群随机组合的分子如何有组织地结合起来，从而成为一个生命呢？我们尚不知道，但科学家正试图解答这个问题。

科学家认为地球上的生命开始于41亿年前，但我们还没有发现那个时代的化石。目前最早的化石来自36亿年前的原始生命。在那之后，地球上的生命形式就丰富起来，下图中为我们展示了其中的一些。生命是否来自火星或金星坠落到地球上的陨星，这还是一个需要研究的大问题。

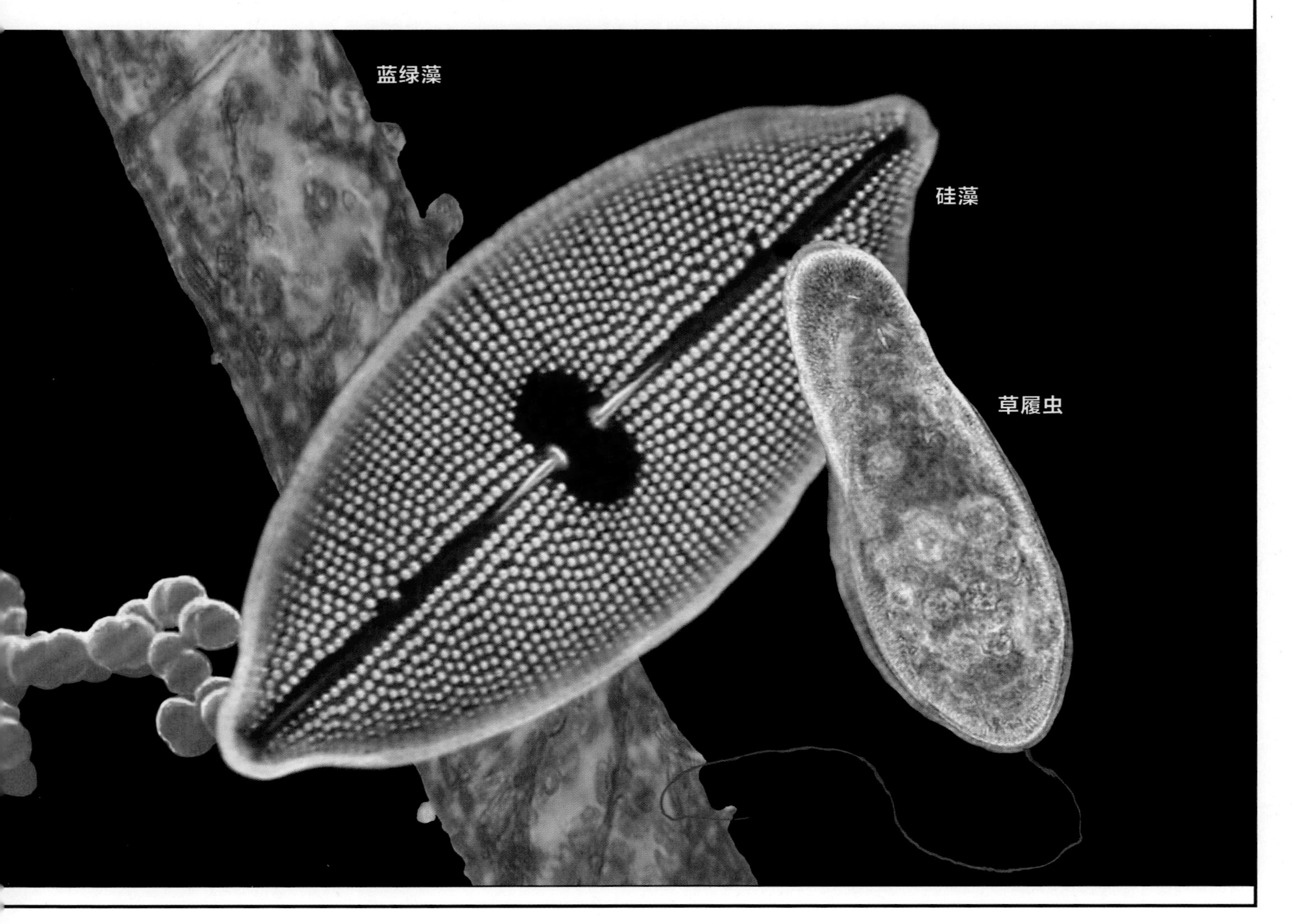

太阳系内的其他生命

当1976年“海盗”号登陆车在火星的表面着陆后，人们发现没有火星人在那里迎接。那一瞬间，在火星上寻找智慧生命的希望就破灭了。40多年后的现在，我们在火星上仍然没有发现任何生命迹象，甚至包括微生物。这颗行星看上去是一块巨大的荒芜之地。在火星的表面，曾有过的水已经被冻结在极区的冰盖中，再也没有能够维持生命的液态水了。

几十亿年前，金星上或许有生命存在过，但这颗行星极高的气压会将任何类地生命压碎，极端的高温也让金星上很难有生命存在。

一些科学家仍对在金星或木星的外层大气中发现其他形式的生命抱有希望，他们认为这些生命或许像水母一样飘浮在大气中，但这几乎是不可能的。那么，我们在太阳系的什么地方可能搜寻到生命呢？答案是两颗遥远的卫星——一颗绕着木星转，另一颗绕着土星转。

木星的卫星欧罗巴（木卫二）有一个和地球相似的特征。欧罗巴表面厚厚的冰层下面是黑暗的海洋——这是在太阳系中我们目前所知除地球外仅有的水世界。

然而，有两个因素可能会将欧罗巴从拥有生命的星球列表上排除。首先，冰层下的海洋漆黑一片，这是因为没有阳光能穿透冰层。没有阳光，生命形成就变得非常困难。其次，木星致密的辐射笼罩着欧罗巴，冰层表面或附近的生命都会被杀死。如果这个卫星上有生命，它必定小而坚实。如果在海洋底部有深海温泉，它们或许就生活在那附近厚厚的泥浆中。

土星的卫星泰坦躲在浓密的橙色大气下。它或许是人类在太阳系中寻找生命的最后场所。很久以前，地球上的生物体将甲烷释放到大气中。同样，泰坦的大气中含有丰富的甲烷，这很可能是原始生物体释放的。在冻结的甲烷湖泊下或许有液态氨。它对目前地球上的生命而言是有毒的，对第一代生物却是无害的。因此，如果泰坦上有生命，则它可能与地球上的早期生命相似，而与现在的生命完全不同。

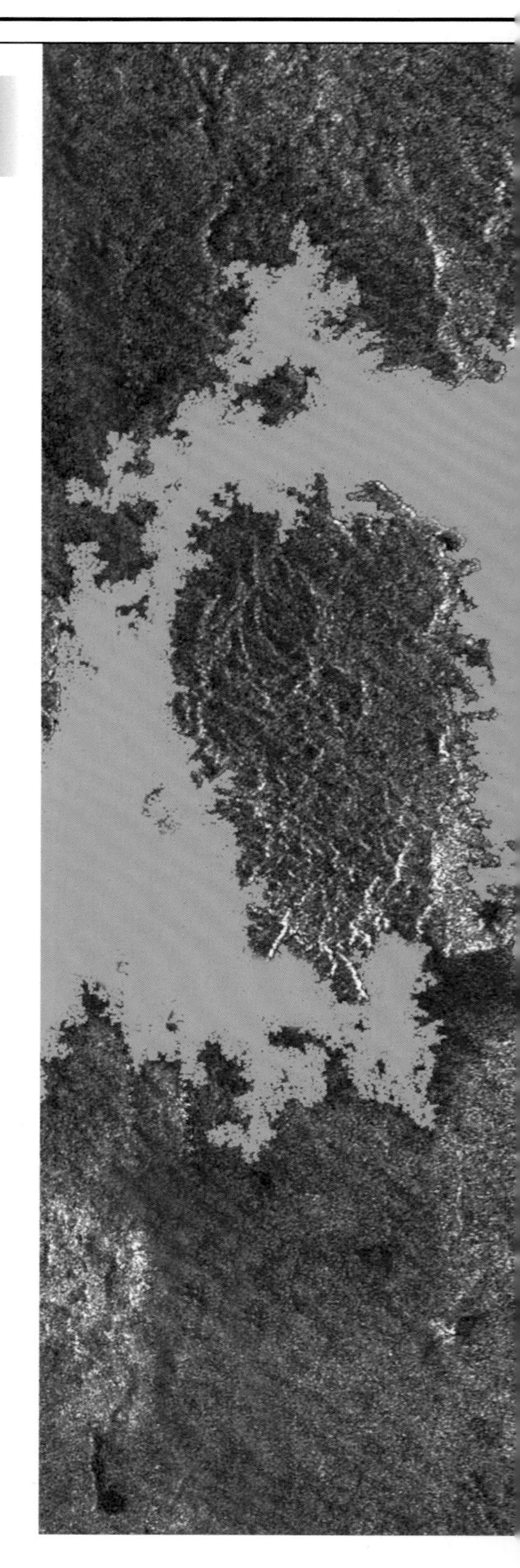

在土星的卫星泰坦上，我们可以看到遍地分布的液态甲烷湖泊。在这张由“卡西尼”号卫星于2006年拍摄的泰坦表面照片上，这些湖泊呈淡紫色，这是由于照片上的颜色经过电脑处理了。

在钻透 800 多米厚的冰后，未来的水栖机器人（上图）正在探测欧罗巴的黑暗水域。水域表面的温度很低，水都结冰了。但由于木星的引力和海底可能的火山活动，深海水域可能没有结冰。

还有其他智慧生物吗？

长期以来人们一直猜想在地球以外的其他地方存在智慧生物。在泰坦或欧罗巴上的一些淤泥中可能有细菌一类的生命形态，但在太阳系中可能没有除人类之外的智慧生物。

为了寻找智慧生物，每一个角落我们都要仔细搜寻。迄今为止天文学家已经在附近的恒星周围发现了大约900颗行星（都是像木星一样的气态巨行星），并确定在这些行星上不可能有智慧生物。

目前关于地球之外是否存在智慧生物有两种理论。一些科学家相信智慧生物是自然进化的结果，并且遍布宇宙各地；另一些科学家认为智慧生物比我们想象的要少得多。它们起源于某地，然后扩展到其他地方。换句话说，第二种理论认为一个种族最终要向其他地方扩张。

几十年来，人们一直在等待其他智慧生物发出的射电信号，但至今仍未收到。需要收听的宇宙天体有几十亿个，美国国家航空航天局希望在未来几年缩小观察天体的范围。2009年，美国国家航空航天局将开普勒空间望远镜发射升空。该望远镜研究了银河系内10多万颗恒星，并识别出了那些拥有与地球类似行星的恒星。在开普勒空间望远镜和位于地球上的望远镜的帮助下，天文学家迄今为止已发现了7颗与地球大小相当且位于其恒星的宜居带中的行星。在下一个十年里，我们也许能发现外星的智慧文明。

在这个想象的遥远的地方（右图），外星技术非常先进，和地球上的类似；但图中所示的外星人（右图前景）一点儿也不像人类。

德瑞克方程

$$N=R^* \times FP \times NE \times FL \times FI \times FC \times L$$

50多年前，天文学家弗兰克·德瑞克提出用这个方程来估计在银河系中可能有多少智慧文明（公式中的N）。他考虑的因素有银河系中每年恒星形成的速度（R*）、拥有行星的恒星的比例（FP）、每颗恒星拥有的可支持生命存在的行星的平均数目（NE）、前述行星进化出生命的比例（FL）、前述行星进化出智慧生命的比例（FI）、智慧文明发展出高科技并向太空发射可探测信号的比例（FC）、这样的智慧文明持续的时间（L）。结合他的假设和今天的知识，在银河系数千亿颗恒星中，可能有几千种外星文明。

超乎想象的外星生命

好莱坞创作出以外星人为题材的电影是为了让人们买电影票，而不是展示外星生命的古怪之处。真正的外星人可能超出我们的想象，更不用说和他们打交道了。他们可能身长60多厘米，像花园里的绿鼻涕虫那样用气味相互交流，只能看到X射线波段的光。地球上也曾有非常古怪的生物。如果在6500万年前地球没有被一颗小行星撞击，今天在地球上漫步的就不是我们了，可能是更加奇怪的生物。

在被小行星撞击前，地球上有一种生物长有两条前肢、两条后肢、一个头和两只眼。它们直立行走，大约有两米高，学名叫“伤齿龙”，属于恐龙的一种。被小行星撞击后，地球上的气候改变了，这个物种就被淘汰

这幅图中想象的行星曾经被海水覆盖。智慧生物很快从海里迁移到露出海面的火山上。在那里他们很快学会如何使用火、电和核聚变，科技取得了巨大的进步。

了。因此，今天的地球没有变成“恐龙人”的天下。

事实上，如果外星人存在的话，其感官特征和解剖结构可能跟我们差异很大，我们将根本无法和他们交流。他们肯定不会像《星际迷航》中的外星人那样看东西和交谈。如果有些我们习以为常的物理条件发生了微小的变化，生命将会沿着非常奇怪的路径演化。如果某颗行星的引力比地球弱，那这颗行星上的生物将长得又高又瘦。当引力更强时，生物的体形会更矮，身体也更强壮。在大气更稀薄的地方，肺会长得更大。为了听到微弱的声音，耳朵也会大很多。在冰冻或海洋环境中，生命必定会发生适应性变化，从而诞生新的生命形态。如果外星生命一点儿也不像我们见过的任何东西，会怎么样？好莱坞电影中想象的外星生命可能远远没有大自然设计的奇特。

这个想象中的酷热、潮湿的星球（上图）距离它的恒星非常近。当靠近观察时，我们会发现这颗行星上的奇怪的生物身高达 3 米，行动非常迟缓。它们身体上端的袋状部分充满了氦，像是装饰用的气球。它们通过电脉冲相互交流，但不会威胁到人类的安全。

未来，小型的供应船和用小行星改造成的宇宙飞船可以为空间站服务。

未来之梦

太空工程

我们的太空邻居——月球和小行星，或许可以为我们的太空工程提供新的资源。这些资源将帮助我们继续探索群星。下面是将来我们对月球和小行星一些可能的利用方法。

月球上的望远镜

月球上没有空气，寒冷又寂静。它不是大花园，却是观察太空的理想场所。射电望远镜可能最先被放上去，用来捕捉来自遥远恒星和行星的射电波。它们被放置在月球的背面，以免受到地球无线电波的干扰。

接下来可能要建造一个液态镜面的望远镜。它的集光面通常由光滑的液态金属水银构成。天文学家认为这个望远镜可以建在月球的南极。由于月球上没有妨碍观测的大气、云或城市夜光，因此月球上的液态镜面望远镜能让我们看得更远。

这两个射电望远镜（上图）是一个大望远镜阵的一部分。它们可以在月球表面上观测太空。这些望远镜将收集包括恒星、星云、星系甚至行星在内的所有天体发出的射电波而不是可见光。望远镜阵采集的信号将合成一张大的图片。

行星上的矿工既有人类也有机器人，可以将金属和冰从小行星运送到太空货船上（右图右下角）。飞船上的科学家将冰打碎制成氧和氢燃料，而小行星上的金属会被用到需要它的地方去。

小行星珍宝

当人们开始占据内太阳系（即太阳系中小行星带以内的区域）时，需要建造房屋、实验室、空间站和旅馆。这些建筑的原材料可以取自小行星。在地球附近有数以千计由岩石、冰和金属构成的团块。其中有些富含铁和镍，还有些含有铂金和黄金。小行星中的冰可以提供水、氧和火箭燃料。小行星上的矿工可以是人类或机器人。他们将从小行星上挖掘出金属和冰，然后用太空货船运出。

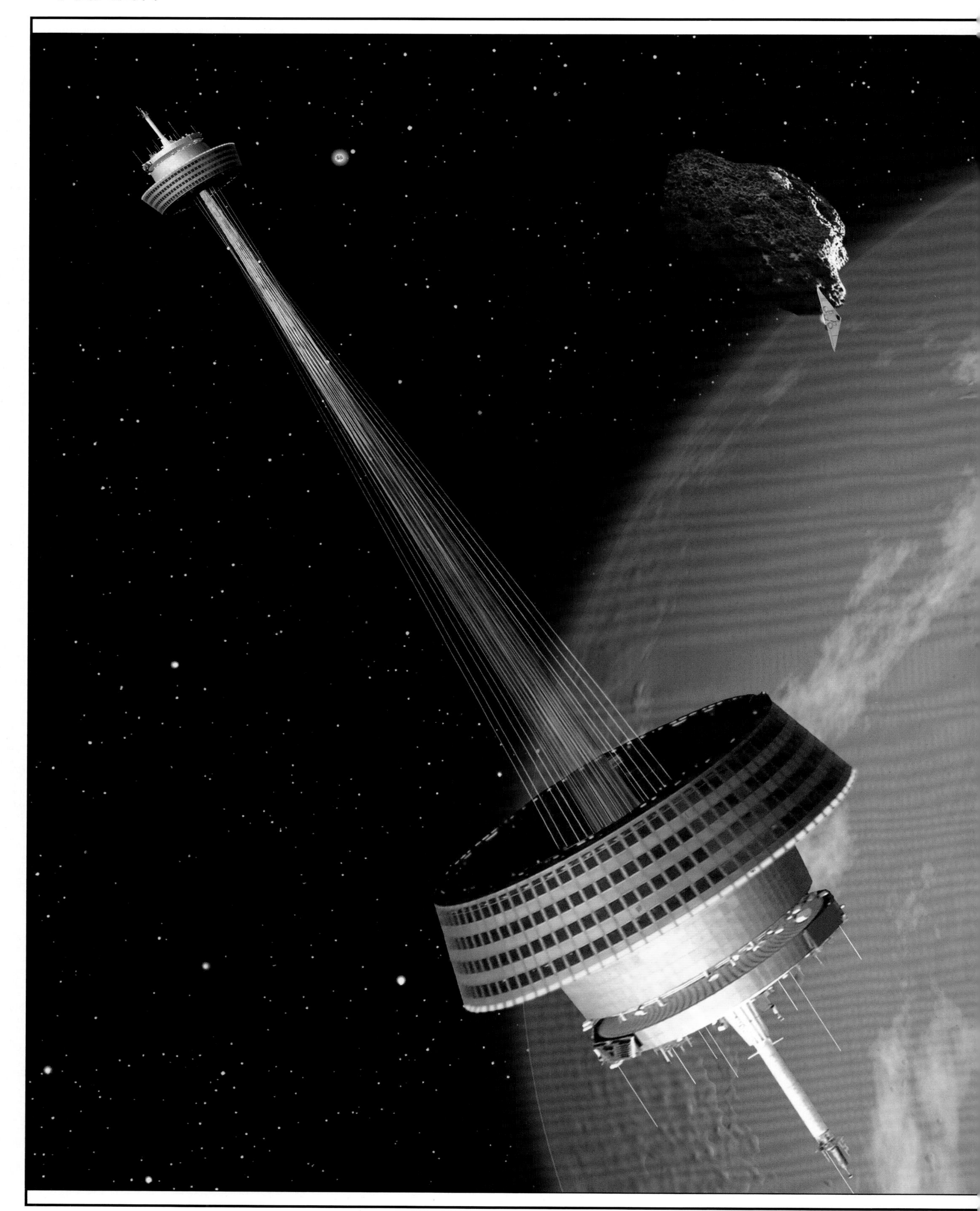

“太空旅馆”

太空“出租车”已经到了，准备去火星的宇航员爬进小小的飞船，系上安全带，然后从地球上起飞。不久他们就看到了下一个停靠站——一艘在黑暗中飞翔的巨大太空船。“出租车”驾驶员小心地将速度降至每小时2.1万千米，保持与太空船并排飞行。再经过一系列精细的操作，驾驶员将“出租车”停靠在太空船上，宇航员们随即进入了他们的第二个家——移动的“太空旅馆”。

搭载普通太空船去火星会遇到一些麻烦：旅行需要大量昂贵的燃料，长时间的失重会使人的身体衰弱，但“太空旅馆”利用的是火星和地球间永不停顿的太阳系引力。它不需要多少燃料，还可以通过自转为里面的旅客产生人造引力，所以入住“太空旅馆”是访问我们的邻居——火星最健康、最便宜、最舒适的方法。

这个想象中的“太空旅馆”（左图）尽管不够豪华，但有舒适的小客舱、健身房和游戏设施。搭乘6个月后，旅客将透过窗户隐约看到一个红色的星球。随后太空“出租车”将把宇航员们送到火星表面，开始他们的工作。

绿化火星

火星上有寒冷的沙漠和稀薄的有毒气体。尽管如此，有些科学家却认为可以通过“地球化”的方式将它变成像地球一样温暖又绿意盎然的家园。

“地球化”意味着将它变得像地球一样。这将是一个花费几百甚至几千年的巨大工程。第一步是将火星大气变热变厚，这需要在火星周围的轨道上放置镜子。这些镜子将阳光汇聚到火星的南极，将极区冰中的二氧化碳转变为气体。当二氧化碳进入空气中，它就可以使火星表层升温。

变热的大气会融化冻结在土壤中的冰，从而形成海洋和河流。人类随后培育出绿色植物吸收二氧化碳，同时释放氧气供人们呼吸。随着时间的推移，人们就可以在火星上散步，聆听风拂过树林的声音。

1. 现在的火星（右图）：这颗红色行星寒冷且遍布岩石、沙漠，它无法维持生命的生存。它呈现的红色源自土壤中的铁。火星上的气温很低，平均温度达 −62 ℃。大气的密度是地球的百分之一，其中 95% 是二氧化碳。

3. 绿色火星：绿色植物有利于更厚、更温暖的大气层的形成。随着火星的“地球化”，火星极区和地下的冰将会融化。河流重新流淌在火星表面，盆地将变成海洋（右图）。

2. 火星开始变绿（左图）：科学家通过融化极区的冰来产生更厚的大气层，再从地球带来特别培育的植物。它们生长在火星最温暖的区域，吸收二氧化碳，释放可供呼吸的氧气。

太阳系中的航行

最近几年来，人类已两度尝试发射太阳帆船到太空去。一次是在美国，一次是在日本，船名分别为NanoSail-D和IKAROS。日本的IKAROS太阳帆船于2010年3月启程，同年12月飞过金星，在2012年结束了这次太空探索。

利用阳光航行的原理其实非常简单。光是由称为“光子”的极微小的粒子组成的。当光子被物体表面反弹时，会对物体产生微小的推力。在地球上，我们感觉不到这种力，因为与其他的力相比，这种力几乎可以忽略。但在太空中，由于没有空气的阻碍，光子产生的轻柔的推力足以推动一个轻量的物体。

在阳光反射产生的力的推动下，固定在风帆上的飞船一开始会前进得非常慢。一段时间后，帆船会逐渐加速。当飞过外行星时，它的速度将达到每小时32万千米，是普通太空飞船的10倍。

太阳帆可能由耀眼的金属布制成，它比蝴蝶的翅膀还薄。太阳帆的面积很大，如美国的 NanoSail-D 有四分之一个足球场那么大。

探索宇宙

人类对宇宙的探索不会只局限于我们的太阳系。既然我们已经知道围绕其他恒星运转的行星很常见，我们就一定会去探访那些行星。说到我们探索的第一站，还有比我们最近的邻居——半人马座α星系——更好的地方吗？

半人马座α星系由三颗恒星组成。最明亮的两颗是半人马座α星A和半人马座α星B，它们距离比较近，彼此相伴运行。第三颗是半人马座α星C，是一颗红矮星，在更远的轨道上运行。2012年，天文学家在观察半人马座α星B的运动时发现了细微的摇摆，由此找到了一颗绕其旋转的、大小与地球差不多的行星。可惜此行星距离这颗与太阳类似的恒星太近，所以无法支持生命的存在。这颗行星的表面很可能像炽热的熔岩。不过，这样大小的行星经常会有兄弟姐妹，所以许多天文学家相信将来有可能在更远的轨道上发现其他行星。

半人马座α星B的宜居带位于距离其大约1.05亿千米之外的区域。我们会在那里发现与地球相似的行星及新的生命形式吗？当我们眺望半人马座α星B的行星时，会有什么东西也在那里望着我们吗？

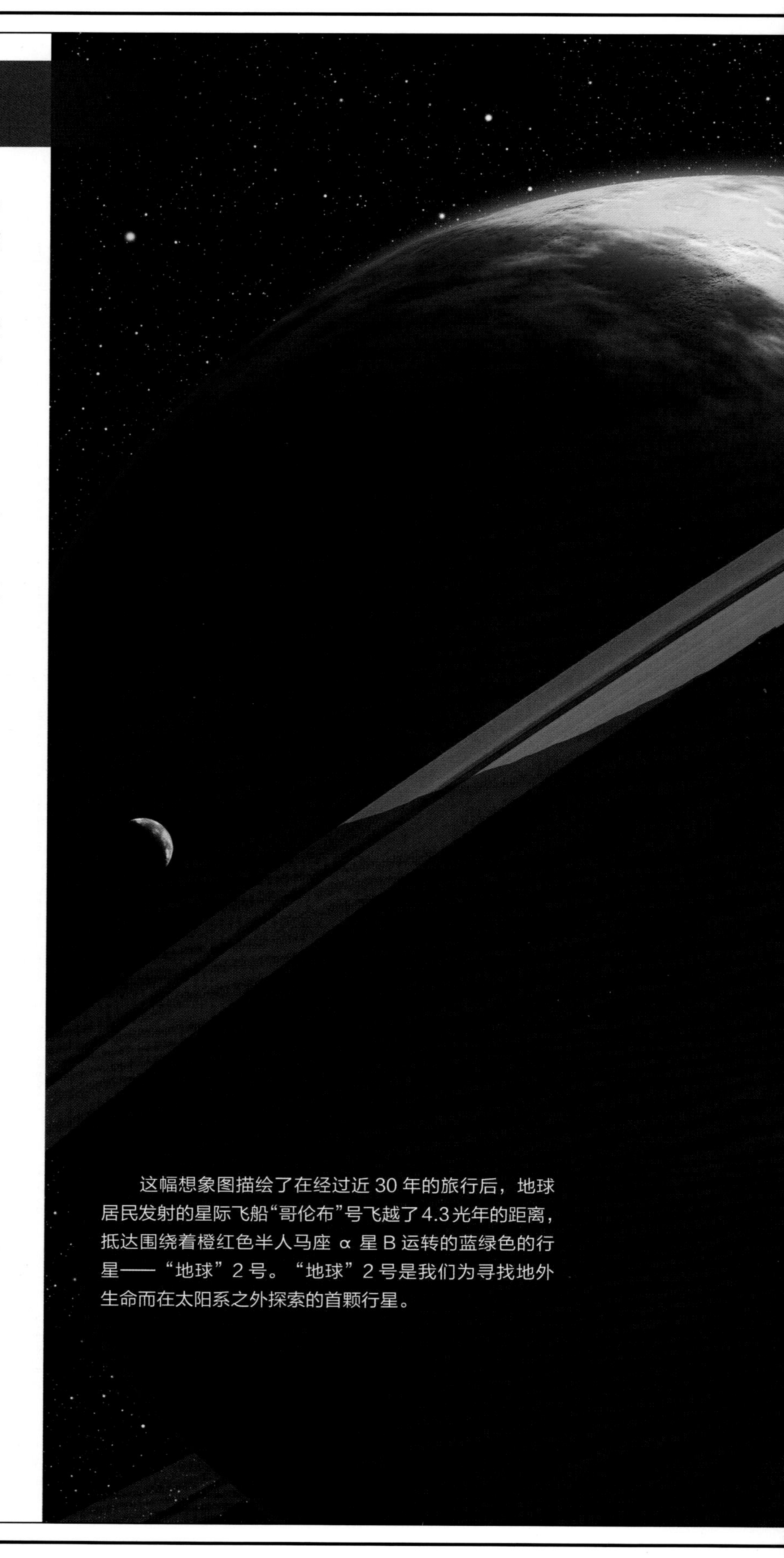

这幅想象图描绘了在经过近30年的旅行后，地球居民发射的星际飞船“哥伦布”号飞越了4.3光年的距离，抵达围绕着橙红色半人马座α星B运转的蓝绿色的行星——“地球”2号。“地球”2号是我们为寻找地外生命而在太阳系之外探索的首颗行星。

太阳系的日历

如果将太阳系形成、发展至人类诞生的时间缩短成一年，并用日历来表示，下面则是其中一些重大事件发生的时间节点。

1月1日
在新年这一天，一个转动的尘埃云凝聚成太阳系。

1月7日
太阳内部的核燃烧开始。

1月28日
一个真正值得纪念的日子——地球形成了。

2月
在整个2月份，地球不断收缩和冷却。

3月10日
蒸发的水蒸气以降雨的方式重返地球，形成海洋。

4月15日
在地球某处温暖的蓝绿色水中，生命诞生了。

5月22日
氧气开始在地球大气中形成。

7月　8月
在地球上，生命继续进化。

9月14日
在地球上，海洋深处的单细胞生物开始有性繁殖。

10月
地球上的多细胞生物和植物大量出现。

12月2日
在地球上，少数动物和植物开始在陆地上生活。

12月13日
恐龙在地球上出现了。

12月25日
恐龙灭绝。

12月31日
下午5点，人类已知的最早的祖先“露西”在非洲诞生了。

人类的历史

人类存在的时间与太阳系的年龄相比实在是太短了，我们这时只能以秒为单位来表示其中一些重大事件发生的时间节点。

零点前52秒

比较像现代人的克罗马农人在欧洲出现。他们画在岩洞里的壁画反映了他们的文化欣赏能力。

零点前40秒

金字塔建成了。

零点前33秒

位于英国的部落民族的后代建造了巨石阵。

零点前23秒

希腊的黄金时代。

零点前8秒

中世纪开始。

零点前5秒

中世纪结束。

零点前3/2秒

工业时代开始。

零点前1秒

美国独立战争开始。

零点前1/2秒

第一次世界大战爆发。

零点前3/8秒

第二次世界大战爆发，随即进入原子时代。

零点前1/8秒

内尔·阿姆斯特朗在月球上漫步。

零点前1/16秒

计算机时代开始。

零点前1/32秒

人工智能和虚拟现实技术相继出现。

零点前1/64秒

人类开始认识到，尽管他们的活动在宇宙时间表上不到一分钟，却已极大地改变了地球。在地球上还没有任何一个物种有如此大的影响。地球的未来将会是什么样子呢？

天文学大事记

公元前30,000年 月相

早期人类在动物的骨头上刻线条，记录月相的变化。

公元前2500年 巨石阵

巨石阵建在英国。石头组成的圆圈分别代表在夏至时太阳升起和冬至时太阳落下的位置。

公元前1300年 星座和行星

埃及人记录了43个星座和5颗可见的行星——火星、金星、水星、木星和土星。

公元前350年 地球的形状

希腊科学家亚里士多德指出地球是球形的，而不是平坦的，因为月食时地球在月球上的阴影始终是圆形的。

公元前250年 地球的周长

希腊数学家埃拉托色尼利用几何学知识计算出地球的周长将近40000千米。

公元前150年 地心说

希腊天文学家托勒密出版了《天文学大成》。这本天文学著作认为宇宙的中心是地球。

公元1054年 超新星

中国天文学家记载了一颗在白天都可见的超新星。它爆发的残留物目前还可以见到，就是蟹状星云。

1543年 日心说

波兰天文学家尼古拉斯·哥白尼出版了《天体运行论》，宣称地球和其他行星绕着太阳转动。

1609年 望远镜

意大利天文学家伽利略利用望远镜对太阳、月亮、行星和恒星进行了一系列观测。

1609年 行星运动定律

德国数学家乔纳斯·开普勒发现描述行星轨道形状和速度的行星运动定律。

1665—1667年 万有引力定律

英国科学家伊萨克·牛顿发现万有引力定律。

2002年4月，“亚特兰蒂斯”号航天飞机发射时的场景。

1781年 天王星

在德国出生的英国天文学家威廉·赫歇尔发现了天王星。这是第一颗前人未知的行星。

1846年 海王星

根据英国数学家约翰·柯西·亚当斯和法国天文学家勒威耶的计算，德国天文学家约翰·伽勒发现了海王星。

1912年 宇宙的尺度

美国天文学家亨丽爱塔·勒维特计算出恒星光度和光变周期之间的关系。她的工作帮助天文学家建立了一种度量宇宙尺度的方法。

1915年 相对论

物理学家阿尔伯特·爱因斯坦发表了广义相对论，解释物质和时空弯曲间的联系。

1923年 河外星系

美国天文学家埃德温·哈勃证明旋涡星云实际上是远离银河系、包含无数恒星的星系。

1929年 宇宙膨胀

埃德温·哈勃发现，由于宇宙膨胀，星系在相互远离。

1930年 冥王星

美国天文学家克莱德·汤博注意到在两张拍摄时间相隔一周的照片上有一个移动的光点，从而发现了冥王星。

1950年 奥尔特云

荷兰天文学家奥尔特认为彗星起源于遥远的、绕太阳转动的冰冻天体地带，称为“奥尔特云”。

1951年 柯伊伯带

美国天文学家柯伊伯提出，在冥王星轨道外有一个环形的小冰冻天体带，称为“柯伊伯带”。

1957年 第一颗人造地球卫星

苏联发射了世界上第一颗人造地球卫星。

1958年 人造地球卫星“探险者”1号

“探险者”1号是美国成功发射的第一颗人造地球卫星。

1961年 太空第一人

苏联宇航员尤里·加加林是进入太空的第一人。宇航员阿兰·谢泼德是美国第一个太空人。

1963年　太空中第一位女性和类星体的发现

苏联宇航员瓦伦蒂娜·捷列什科娃是第一位进入太空的女性。

出生在荷兰的美国天文学家马汀·施密特发现了第一个类星体，它其实是一个极其明亮的遥远星系。

1964年　大爆炸和“水手”4号火星探测器

美国天文学家阿诺·彭齐亚斯和罗伯特·威尔逊用一架射电望远镜探测到来自宇宙空间的微弱辐射。他们发现这是大爆炸残留的辐射，以此证明了宇宙形成的理论。

“水手”4号探测器经过火星，发回了火星表面干燥、布满陨星坑的照片。

1967年　脉冲星

英国天文学家乔瑟琳·贝尔和安东尼·休伊什发现了脉冲星，后来发现是转动的中子星发射的辐射束。

1969年　人类第一次登月和“联盟”号空间站

美国宇航员埃德温·奥尔德林和内尔·阿姆斯特朗是第一批登上月球的人。

苏联飞船“联盟”5号与“联盟”4号对接，成为第一个实验空间站。

1972年　“阿波罗”计划的结束

“阿波罗”17号的发射为“阿波罗”计划画上了句号。

1976年　“海盗”号登陆车

美国“海盗”号登陆车安全抵达火星表面，发回它的图像和信息，并工作了很多年。

1979年　“旅行者”1号和2号探测器

美国“旅行者”1号和2号探测器飞抵木星，然后利用引力助推飞越木星，驶向更远的行星。

1981年　“哥伦比亚”号太空飞船

美国太空飞船“哥伦比亚”号发射成功，成为第一艘可重复使用的飞船。

1986年　“挑战者”号太空飞船与“和平”号空间站

美国太空飞船“挑战者”号在发射73秒后爆炸，全体船员遇难。

苏联发射可供人类长期居住的空间站“和平”号。

1989年　宇宙背景探测仪

宇宙背景探测仪发射。它检测到宇宙中的微波背景辐射，证实了现代大爆炸理论。

1990年　“麦哲伦”号金星探测器和哈勃空间望远镜

美国“麦哲伦”号探测器开始对金星进行雷达成像。

哈勃空间望远镜成功发射。在随后的几年里，它拍摄了遥远恒星和星系的精美照片。

1992年　柯伊伯带天体

天文学家在冥王星轨道之外发现一个红色的类行星天体在绕太阳运转，从而证实了柯伊伯带的存在。

1995年　围绕其他恒星的行星

在银河系我们的太阳系附近，第一次发现围绕类太阳恒星旋转的木星大小的行星。

2003年　“哥伦比亚”号太空飞船罹难

在完成27次任务后，“哥伦比亚”号太空飞船在返回地球大气层时爆炸，全体船员遇难。

上图是法国著名导演乔治·梅里埃于 1902 年导演的科幻片《月球之旅》中的一幕，六名天文学家乘坐一个炮弹筒在月球着陆，击中了月球“脸上的一只眼睛”。

2004年　火星探测车和“卡西尼”号探测器

美国火星探测车“勇气”号和“机遇”号到达火星，开始收集有关水是否存在的信息。

美国“卡西尼”号探测器进入绕转土星的轨道，发回关于土星、土星环和卫星泰坦的照片。

2005年　阋神星

阋神星是一个比冥王星体积稍小的天体。它在离太阳将近160亿千米的位置绕太阳运转，远在冥王星的轨道之外。

2006年　冥王星降级

国际天文学联合会成员投票修改行星分类标准。冥王星不再属于大行星，与阋神星和谷神星（以前被认为是太阳系中最大的小行星）一起成为矮行星。

2012年　“好奇”号火星探测车

美国国家航空航天局于2011年11月发射了“好奇”号火星探测车。2012年8月，“好奇”号在火星的盖尔陨石坑着陆。“好奇”号的任务是研究这个陨石坑的气候和地质情况，弄清楚这里是否曾经有微生物存在。

2015年　飞越冥王星

美国“新地平线”号探测器在驶往太阳系最外边界的路途中飞越冥王星。

词汇表

矮行星

绕太阳运转的球形或近似球形的岩石天体，不是其他天体的卫星，比太阳系中大部分行星要小。

暗物质

只能通过引力探知其存在的未知物质。它约占宇宙物质中的六分之五。

奥尔特云

太阳系周围大量彗星聚集的区域。

白矮星

中小质量的恒星死亡后遗留的致密残骸。

超巨星

大质量的、极其明亮的恒星，寿命较短。

超新星爆发

恒星演化过程中的一个阶段，大质量的恒星死亡时经历的剧烈爆炸。

大爆炸

宇宙形成时发生的巨大爆炸，科学家认为这是宇宙的起源。

大气

包围着行星、恒星或卫星表面的气体。

伽马射线暴

短暂的、巨大的伽马射线爆发。它们源于银河系外的未知天体，在短时间内释放大量的能量。

光年

光在一年内走过的路程，约等于9.5万亿千米。

光谱

从无线电到伽马射线的辐射波段或频率范围。可见光穿过棱镜时能分解为多色光。

轨道

一个天体绕另一个天体运转的规则路径。

核裂变

重的原子核分裂成两个或多个质量较小的原子核并释放能量的过程。

褐矮星

暗淡发光的天体。由于质量太小无法维持核反应而不能成为恒星。

黑矮星

矮星核燃料枯竭后逐渐冷却而成的残骸。

黑洞

一些大质量的恒星坍缩后会形成黑洞。黑洞是极端致密的天体，在其周围一定范围内经过的任何东西，甚至包括光线，都无法逃脱其强大的引力作用。

红巨星

冰冷、年老的小质量恒星。由于耗尽了核心的氢，它的体积急剧膨胀。

彗星

由沙、冰和二氧化碳等物质组成，在绕太阳公转的过程中，每当临近太阳，其中的冰受阳光照射而蒸发，同尘埃一起形成包裹彗核的晕和长长的“尾巴”。

交食

一个天体运行到另一个天体与观测者之间，短暂地阻挡了后者辐射的现象。

聚变

两个原子核聚合成重原子核并释放巨大能量的过程。

柯伊伯带

存在于海王星轨道之外的大量彗星的聚集区。

流星

来自太空的小天体，穿过地球大气时划出明亮的轨迹的现象。陨星是流星体落在地球上的残骸。流星体是绕太阳运转的、可能形成流星的岩石或金属天体。

脉冲星

由于旋转而发射脉冲电磁辐射的中子星。

日冕

太阳大气的最外层气体。

太阳（恒星）风

从太阳或恒星吹出的带电粒子流。

卫星

围绕行星运转的自然或人造天体。

小行星

围绕太阳运行的岩石天体，体积和质量比行星小得多。太阳系内绝大部分小行星位于火星和木星的轨道之间。

星等

衡量天体光度的量词，光度越大，等级数越小。

星系

在引力的作用下，由无数恒星、气体和尘埃组成的集体。星系有时包含几十亿颗恒星或更多。

星云

发光的星际气体尘埃云。

星座

人类为了研究星空而将其分为若干个区域，每个区域就是一个星座。星座之间依靠各自具有某种特征的亮星组合（如北斗七星表明所在的星座是大熊座）加以区分。

行星

行星是环绕恒星运行的天体，它们有足够大的质量使自身因为重力而成为圆球体，并且能清除邻近的小天体。

行星环

在行星周围由尘埃和卵石大小的物质构成的环状物。

行星状星云

中小质量的恒星在演化末期抛出的气体与星际物质经过相互作用而形成的发光气体云。

质量

物体包含的所有物质的量，决定了它的引力大小和运动的惯性。

中子星

由中子挤压构成的天体，产生于超新星爆发。直径只有16千米的一颗中子星，其质量比三个太阳还要大。

撞击坑

行星等类地天体表面呈圆形的凹陷区域，源自陨星的撞击。

关于作者

戴维·A. 阿吉拉

本书作者，是一位天文学家，同时也是一位擅长天文绘画创作的艺术家，他希望让更多人体验到宇宙的奇妙。戴维·A.阿吉拉就职于世界上最大的天文研究机构——哈佛－史密森天体物理学中心，担任公共事务及科学信息处主任。在许多有关天文的电视节目中经常能看到戴维·A.阿吉拉的身影，《时代周刊》《美国新闻与世界报道》《纽约时报》《今日美国》等报刊杂志及美国有线电视网络（CNN）和英国广播公司（BBC）等都曾报道过他的艺术作品。如欲联系作者，可访问www.aspenskies.com。

克里斯丁·普兰姆

她是本书的特约作者（“探索恒星和星外领域”部分），是哈佛－史密森天体物理学中心的公共事务专家及科普自由作家。她在得克萨斯大学奥斯汀分校取得了物理学的学士学位和天文学的硕士学位。

帕特西亚·丹尼尔斯

她是本书的特约作者（“未来之梦”、“太阳系的日历”和“天文学大事记”部分），她写了很多关于科学和历史的书，内容老少咸宜，包括《美国国家地理太空百科全书》和《星座：我的第一本口袋书》。目前她住在宾夕法尼亚州的斯泰特科利奇。

图片出处

All illustrations and images courtesy of David A. Aguilar unless otherwise noted.

4–5, NASA; 24 (UP LE), NASA; 24–25 (LO), NASA; 32 (UP LE), NASA; 32 (LE CTR), NASA; 36 (UP RT), NASA; 37 (UP), NASA; 37 (CTR), NASA; 44 (UP), Wikipedia; 45 (UP RT), NASA; 45 (LO CTR), NASA; (UP LE), NASA; 46 (UP RT), NASA; 47 (UP LE), NASA; 47 (UP RT), NASA; 50–51, NASA; 52 (LE), NASA; 52 (RT), NASA; 53 (CTR LE), NASA; 53 (LO), NASA; 53 (UP), NASA; 62 (LE), Clyde Tombaugh/Corbis; 80–81 Shutterstock, except 81 (UP LE), Douglas P. Wilson/Frank Lane Picture Agency/Corbis; 88–89, Serge Brunier; 90 (LO), art info/The Bridgeman Art Library; 96–97, NASA/JPL; 97 (INSET), NASA; 100 (UP), Robert Gendler/www.robgendlerastropics.com; 100 (LO), Robert Gendler/www .robgendlerastropics.com; 101 (UP LE), painting by Thomas Shotter Boys/Eileen Tweedy/The Art Archive at Art Resource, NY; 101 (UP RT), Wikipedia; 104, NASA/SOHO; 105 (UP), Robert Gendler/www.robgendleras-tropics .com; 105 (CTR), Robert Gendler/www. robgendlerastropics.com; 105 (LO), Bruce Balick/NASA; 108 (LO LE), NASA; 111 (RT CTR), Envision/CORBIS; 126 Ted Spiegel; 127 (CTR), Robert Gendler/www.robgendlerastropics .com; 127 (LO), NOAO/AURA/NSF; 132 (LE), NASA/GSFC; 132 (UP RT), NASA/GSFC; 132 (LO RT), NASA/Kirk Borne/STScI; 133 (LO LE), NASA/EJ Schreie/STScI; 138, NASA; 139 (RT), NASA; 166 (UP), NASA; 172, NASA

相关网站

中文网站：

http://www.cnsa.gov.cn/n1081/index.html
http://www.bao.ac.cn/

英文网站：

http://antwrp.gsfc.nasa.gov/apod/astropix.html
http://www.astronomycafe.net
http://www.chandra.harvard.edu
http://www.kidsastronomy.com
http://www.hubblesite.org
http://www.nasa.gov/centers/goddard/home/index.html
http://www.space.com/scienceastronomy